RStudioではじめる

Rプログラミング入門

Garrett Grolemund 著
大橋 真也 監訳
長尾 高弘 訳

Hands-On Programming with R

Garrett Grolemund

Beijing · Cambridge · Farnham · Köln · Sebastopol · Tokyo

序文

本気でデータを理解したいなら、プログラミングを学ぶことは重要である。データサイエンスはコンピュータ上で実行しなければならないことは当然のことながら、その際の選択肢はGUIを学ぶかプログラミング言語を学ぶかしかない。Garrettと私は、データを本格的に操作するつもりならプログラミングは必要不可欠なスキルだと確信している。GUIは確かに便利だが、優れたデータ分析のために必須の3つの要素について自由がきかないので、最終的にそれが足かせになってしまう。

再現性
　科学では、過去の分析を再現できることが本質である。

自動化
　データが変わったときに（データはかならず変わるものだが）分析をすぐにやり直せること。

コミュニケーション
　コードは単なるテキストであり、簡単にコミュニケーションできる。メール、Google、Stack Overflow、その他どこであっても、助言をもらうためにはコミュニケーションのしやすさが鍵を握る。

プログラミングを恐れないようにしよう。プログラミングは、意欲が続けば誰でも習得できる。そして、本書はその意欲を保てるように構成されている。本書はリファレンスではない。実際に試すことができる3つの課題を中心として構成されている。これらの課題を制覇していく過程でRプログラミングの基礎が身につき、ベクトル化コード、スコープ、S3メソッドなどの中級レベルの知識でさえ頭に入る。現実の課題は学習の王道だ。これを解決するために必要になったときに関数を学習し、内容抜きに関数を記憶するようなことはしないからだ。人は、読むのではなく、することによって学習するのである。

プログラムの学習が進んでくると、フラストレーションを感じるようになるだろう。新しい言語を学ぶとき、新しい言語を流暢に話せるようになるには時間がかかる。しかし、フラストレーションはそんな自然現象のようなものではなくて、実際には、注視すべきポジティブなサインなのである。フラストレーションは、脳が怠けたがっているということだ。脳は、難しいことを止めて、簡単なこと、楽しいことをしたがる。身体を鍛えたければ、苦しくても身体を追い込まなければならない。同様に、プログラミングを上達させたければ、脳を追い込む必要がある。いつフラストレーションを感じるかを意識して、それをよい兆候と考えるようにしよう。自分の力でストレッチをするようになっているのである。毎日少しずつ余分に自分を追い込んでいけば、じきに自信のあるプログラマになれる。

本書は、親しみやすく、対話的で、意欲がわくように書かれている。この本は、R プログラミングを私か Garrett から直接学べない人にとっては、それに代わるものである。読者も、私と同じように本書を楽しく読めるだろう。

Hadley Wickham

—ハドレー・ウィッカム
RStudio チーフサイエンティスト

P.S.
Garrett は慎み深いので決して言わないが、彼の lubridate パッケージを使えば、R の日付、時刻の操作は劇的に楽になる。是非試していただきたい。

はじめに

本書は、Rでプログラムを書く方法を学ぶためのものです。データのロードから始まって、独自関数の開発まで進みます（この関数は、ほかのRユーザーの関数よりも高いパフォーマンスを発揮するでしょう）。しかし、本書はRのありふれた入門書ではありません。私は、読者がコンピュータサイエンティストになるとともにデータサイエンティストになるための力をつけてもらいたい、と考えているので、本書はデータサイエンティストにとって特に大切なプログラミングスキルに焦点を絞り込んでいます。

本書は、3つの実践的なプロジェクトに沿って構成されています。3つともかなり本格的なプロジェクトなので、複数の章にまたがっています。私がこれらのプロジェクトを選んだことには2つの理由があります。まず第一に、これらはR言語の守備範囲をカバーしています。本書では、データのロードの仕方、データオブジェクトの組み立てと解体、Rの環境システムの操作方法、独自関数の書き方を学ぶことができ、if else文、forループ、S3クラス、Rのパッケージシステム、Rのデバッグツールなど、Rのあらゆるプログラミングツールを利用します。また、これらのプロジェクトでは、ベクトル化されたRのコードの書き方も学びます。ベクトル化は、Rの利点を使って非常に高速なコードを書くためのスタイルです。

しかし、それよりも重要なのは、これらのプロジェクトから、データサイエンスのロジスティクス面での問題の解決方法を学べることです。そして、ロジスティクスの問題はたくさんあります。データを操作するときには、エラーを起こさずに大規模な値を格納、読み込み、操作する必要があります。本書は、Rによるプログラムの書き方ばかりでなく、データサイエンティストとしての仕事をサポートするためにプログラミングスキルをどのように生かしていくかも、読み進めていくうちに学んでいけるようにしてあります。

すべてのプログラマがデータサイエンティストになる必要はありませんし、すべてのプログラマがこの本のことを役に立つ本だと思うわけでもありません。この本が役に立つと思うのは、次のタイプのどれかに属する人々です。

1. すでに統計ツールとしてRを使っているものの、Rで独自関数やシミュレーションを書く方法を学びたいと思っている人々。

2. プログラムの書き方を独習したいと思っており、データサイエンスに関連する言語を学ぶ意義がわかっている人々。

本書ではRの伝統的な応用であるモデルやグラフについて扱わず、Rを純粋にプログラミング言語として扱っていますが、それは特に意外に感じられることでしょう。なぜ、このように焦点を絞り込んでいるのでしょうか。Rは、科学者がデータを分析するときに役立つツールとして設計されています。グラフを描いたり、データのモデリングに役立つ優れた関数を無数に持っています。そのため、多くの統計学者は、ソフトウェアの1つであるかのようにRを使うことを覚えています。彼らは、自分の望むことをする関数だけを覚え、それ以外のことを忘れてしまうのです。

Rの学習方法として、これは理解できるものです。データの可視化とモデリングは、科学者が全神経を集中して取り組まなければならない複雑なスキルです。データセットから信頼できる解釈を引き出すためには、専門能力や判断力、集中力が必要です。データサイエンティストがこの分野の基本理論と実践を完全に習得するまで、コンピュータプログラミングなどに気を散らすことはお勧めできません。データサイエンスという仕事を学びたいと思うなら、本書の姉妹書として2016年末に刊行された拙著『R for Data Science』(邦題『Rではじめるデータサイエンス』)を読むことをお勧めします。

しかし、プログラミングの学習は、すべてのデータサイエンティストのto-doリストになければならないことです。プログラムの書き方の知識があれば、より柔軟なアナリストになれるし、自分が持っているデータサイエンスの能力をあらゆる面から補強してくれます。Greg Snowが2006年5月のR helpメーリングリストでこのことをうまい比喩で説明しています。Rで書かれた関数を使うのはバスに乗ることで、Rでプログラムを書くのは車を運転することだというのです。

> バスは非常に簡単に利用できます。どのバスに乗ったらよいか、どこで乗ってどこで降りたらよいかを知ってさえいればそれでよいのです(あと、料金を払わなければなりませんが)。それに対し、車を運転するためにはずっと多くの仕事が必要です。何らかの地図や道順の説明(頭の中の地図かもしれませんが)が必要で、頻繁に給油もしなければなりません。そして、交通規則を知っていなければなりません(何らかの運転免許が必要でしょう)。しかし、車には、バスが行かないさまざまな場所に行くことができ、バスでは乗り換えが必要になるようなちょっとした旅行では早く着けるという大きな利点があります。
> この喩えを使うと、SPSSのようなアプリケーションはバスです。標準的な仕事には簡単に使えますが、アプリケーションが対象としていないことをしようとすると非常にイライラさせられます。
> それに対し、Rは四駆のSUV(ただし環境に優しいもの)です。しかも、トランクには自転車、屋根の上にはカヤック、座席にはウォーキング、ランニング用のよいシューズを載せ、登山、探検用の道具もひと通り揃っています。
> Rは、時間を割いて使い方を学べば、行きたいところにはどこにでも連れて行ってくれます。しかし、そのためにはSPSSでバス停の場所を頭に入れるだけだったことよりもはるかに長い

時間がかかります。

— Greg Snow

Greg は R と SPSS を比較していますが、彼は R のパワーをフル活用することを前提として話をしています。つまり、これは R プログラムを習得することを仮定しているのです。R にもともとある関数を使っているだけなら、R を SPSS のように使っているだけです。それでは、決められた場所にしか連れていってくれないバスのようなものです。

データサイエンティストにとっては、この柔軟性が重要です。メソッドやシミュレーションの細部は、問題によってそれぞれ異なります。状況に合ったメソッドを作れなければ、既存の不適切なメソッドしか使えないというだけの理由で、とかく非現実的な仮説を立てようとしてしまい、そのような自分にブレーキをかけなければならなくなるでしょう。

本書は、バスの客から車のドライバーへの変身を支援します。本書は初心者プログラマ向けに書かれています。コンピュータ科学の理論については話していません。ビッグオー（O()）やリトルオー（o()）の話題はありませんし、遅延評価の仕組みなどの高度な細部にも踏み込んでいません。こういったことは、理論的なレベルでコンピュータ科学について考えるなら面白いのですが、まずプログラミングの方法を学びたいときには学習への集中が途切れてしまいます。

この本では、それらに代わって 3 つの具体的なサンプルを使ってプログラムの書き方を説明していきます。これらのサンプルは短く、理解しやすく、知らなければならないことをすべて網羅しています。

この素材は、RStudio におけるマスターインストラクタとしての仕事の中で何度も教えてきたものです。私は教師としての経験から、具体例を示すと生徒たちが抽象的概念を早く飲み込めるようになることを知っています。サンプルには、すぐに実践に移れるというメリットもあります。プログラミングの学習は、外国語の学習と似ています。実践すれば、早く進歩するのです。実際のところ、プログラミングの学習は、他言語の学習です。本書のサンプルを追いかけ、アイデアが浮かんだときにすぐに試すようにすれば、最良の結果が得られるはずです。

本書は『R for Data Science』の姉妹書です。『R for Data Science』では、R を使ったプロットの作り方、データのモデリングの方法、レポートの書き方を説明します。また、それらの課題をプログラミングの練習としてではなく（実際にはそういう側面があるのですが）、判断力と専門知識を必要とするデータサイエンスのスキルとして説明します。それに対し、本書は R 言語によるプログラミングの方法を説明します。姉妹書で説明されているデータサイエンスのスキルをマスターしていること（そうするつもりがあることも）を前提として書かれているわけではありません。しかし、R プログラミングのスキルがあれば、データサイエンスのスキルも上がります。そして、両方をマスターすれば、コンピュータができるデータサイエンティストという力のある存在になれます。高い報酬を受け取り、科学的なことが話題になったときには人々に影響を与えられるようになるでしょう。

凡例

本書では、次のような表記法を使います。

ゴシック（サンプル）

新しい用語を示します。

等幅（sample）

プログラムリストに使われるほか、本文中でも変数、関数、データベース、データ型、環境変数、文、キーワードなどのプログラムの要素を表すために使われます。

コード表記について

この本では、ハッシュタグ記号を使ってRコードの出力を表示します。コードのコメントには1個のハッシュタグ記号（#）、コードの実行結果には2個のハッシュタグ記号（##）を使います。特別な理由がない限りプロンプト（>）と出力の先頭の（[1]）等は省略します。

ヒント、参考情報を示します。

一般的なメモを示します。

警告、注意を示します。

問い合わせ先

本書に関するご意見、ご質問などは、出版社にお送りください。

株式会社オライリー・ジャパン
電子メール japan@oreilly.co.jp

本書には、正誤表、サンプル、追加情報を提供するウェブページがあります。http://bit.ly/HandsOnR からアクセスできます（日本語版は http://www.oreilly.co.jp/books/9784873117157/）。

本書に関するご意見、技術的な質問については、bookquestions@oreilly.com にメールしてください。

弊社書籍、講座、カンファレンス、ニュースなどについては、http://www.oreilly.com のウェブサイトを参照してください。

Facebook: `http://facebook.com/oreilly`
Twitter: `http://twitter.com/oreillymedia`
YouTube: `http://www.youtube.com/oreillymedia`

謝辞

私担当の編集者である Courtney Nash と Julie Steele、デザイン、査読、索引作成を担当してくれた O'Reilly チームのその他の人々など、多くの人々が本書の執筆を助けてくれました。また、Greg Snow は、この序文で彼の文章を引用することを許してくれました。これらの人々全員に心から感謝の意を捧げます。

私の R についての考え方、教え方を形作ってくれた Hadley Wickham にも感謝の言葉を捧げたいと思います。本書に含まれているアイデアの多くは、Rice 大学の博士課程に所属していたときに Hadley が教え、私が手伝っていた Statistics 405 に由来するものです。

それ以外のアイデアは、私が RStudio を教えるために実施している「Data Science with R」というワークショップの生徒と教師からもらったものです。彼ら全員に感謝しています。特に、私の助手を務めてくれている Josh Paulson、Winston Chang、Jaime Ramos、Jay Emerson、Vivian Zhang には深く感謝しています。

また、RStudio IDE を開発している RStudio の JJ Allaire を始めとする同僚たちにも感謝しています。RStudio IDE は、R を使い、教え、文章で説明する仕事を大幅に楽にしてくれるツールです。

最後に、本書執筆中、私を理解し支援してくれた妻 Kristin に感謝の気持ちを捧げたいと思います。

目　次

I部
プロジェクト1：ウェイトをかけたサイコロ

コンピュータを使えば、過去の科学者たちが驚愕するようなスピードでデータセットを組み立て、操作し、可視化することができます。一言で言えば、コンピュータは、巨大な科学の力を与えてくれるのです。しかし、コンピュータをフル活用したければ、プログラミングスキルをある程度身につける必要があります。

プログラミングの方法がすでにわかっているデータサイエンティストは、次の能力を高めることができます。

- データセット全体の記憶（保存）
- 必要に応じたデータの値の再現
- 大量のデータを使った複雑な計算
- 正確な反復処理（注意力散漫、退屈を防げる）

コンピュータは、これらのことをすべてすばやくエラーなしで実行できます。読者は意思決定と意味付けという本来の目的のために頭を使えるようになります。

いい感じでしょう？　そうなんです。早速始めましょう。

大学生の頃、私はときどきラスベガスに行くことを空想していました。統計学を知っていたら役に立つんじゃないだろうか。でも、そういう理由でデータサイエンスの道に向かうつもりなら止めた方がよいでしょう。統計学者でも、長い目で見ればカジノでは金を失うことになるのです。一回一回のゲームのオッズは、いつもカジノが得するように作られています。ただし、この絶対損の法則には、抜け穴が1つあります。その方法を使えばもうかります。しかも確実に。自分が**カジノ側になればよい**のです。

信じられないかもしれませんが、Rを使えば、それが実現できます。本書全体を通じて、私たちはRを使って3つの仮想オブジェクトを作ります。それは、振れば乱数が生成される2個のサイコロ、シャッフルして配れるトランプ一組、実際に使われているビデオ宝くじ端末を真似て作ったスロットマシンです。あとは、ビデオ画面、銀行口座（そしておそらくアメリカでは政府の免許状）があれば、カジノを開業できます。そういった細かいことは、自分で準備してください。

3つのプロジェクトは気楽なものですが、深い意味も秘めています。プロジェクトを完成させていくとともに、読者はデータサイエンティストとしてデータを操作するために必要なスキルを備えたエキスパートになっていきます。コンピュータのメモリにデータを格納する方法や、すでにコンピュータにあるデータにアクセスする方法、必要に応じてメモリ内のデータの値を変形していく方法などを学びます。また、データの分析やシミュレーションに使うRで書かれた独自プログラムの書き方も学びます。

スロットマシン（あるいはサイコロ、トランプ）のシミュレーションなんてくだらないと思われるかもしれませんが、スロットマシンで遊ぶのはプロセスだと考えてください。スロットマシンをシミュレートできるようになれば、ブートストラップ法、マルコフ連鎖モンテカルロ法、その他のデータ分析手続きのようなほかのプロセスもシミュレートできるようになります。それだけではありません。3つのプロジェクトは、オブジェクト、データ型、クラス、記法、関数、環境、`if`ツリー、ループ、ベクトル化というRプログラミングのあらゆるコンポーネントを学ぶための具体例になっています。この最初のプロジェクトでは、Rの基本を説明してこれらのことを学びやすくします。

最初のミッションは簡単です。クラップステーブル†のような場所で2個のサイコロを振ることをシミュレートするRコードを作ります。それが完成したら、話を少し面白くするために、自分の好みに合わせてサイコロに少しウェイトをかけます。

このプロジェクトでは、次のことを学びます。

- RとRStudioのインターフェイスの使い方
- Rコマンドの実行方法
- Rオブジェクトの作り方
- 独自のR関数、スクリプトの作り方
- Rパッケージのロード方法と使い方
- 乱数サンプルの生成方法
- 簡単なプロットの作り方
- 困ったときに役立つ情報の入手法

あまりにもすごい勢いで多くのことを取り上げようとしているように見えるかもしれませんが、

† 監訳者注：クラップステーブルとは、カジノなどで2個のサイコロの出目を競うクラップス（Craps）の場となるテーブルを表します。

心配無用です。このプロジェクトは、R言語の簡潔な概要を示すように作られています。ここで取り上げたことの多くは、それらを深く考えていくプロジェクト2、3でも取り上げられます。

RとRStudioを使うには、両方をコンピュータにインストールする必要があります。どちらも無料で簡単にダウンロードできます。インストール方法は付録Aを参照してください。すでに準備ができている読者は、RStudioを開いて先を読み進めましょう。

1章
基本中の基本

この章では、R 言語の概要を説明し、すぐにプログラミングに取り掛かれるようにします。そして、乱数の生成に使える2個の仮想サイコロを作ります。プログラミング経験がない人も心配する必要はありません。この章では、プログラミングのために知らなければならないすべてのことについて説明します。

2個のサイコロをシミュレートするためには、1個のサイコロの基本機能を抽出しなければなりません。コンピュータの中にサイコロのような物理的なオブジェクト（もの）を置くことはできませんが（もちろん、ネジを外さずにということです）、オブジェクトについての**情報**をコンピュータのメモリに保存することはできます。

では、どの情報を保存すべきなのでしょうか。一般に、サイコロは6つの重要な情報を持っています。サイコロを振ると、結果は1、2、3、4、5、6の6種類の数値のどれかにしかなりません。そこで、コンピュータのメモリに値のグループとして1、2、3、4、5、6の数値を保存すれば、サイコロの基本的な特徴を表現することができます。

では、まずこれらの数値を保存する方法について考えてから、サイコロを「振る」方法について考えることにしましょう。

1.1 Rのユーザーインターフェイス

コンピュータに値を保存するよう指示するためには、コンピュータとの対話の仕方を知っていなければなりません。ここでRとRStudioの出番がやってきます。RStudioは、コンピュータと対話をするための手段となります。Rは、対話をするときに使う言語です。まず、コンピュータでほかのアプリケーションを開くのと同じように、RStudioを開きましょう。すると、**図1-1**に示すようなウィンドウが画面に表示されるはずです。

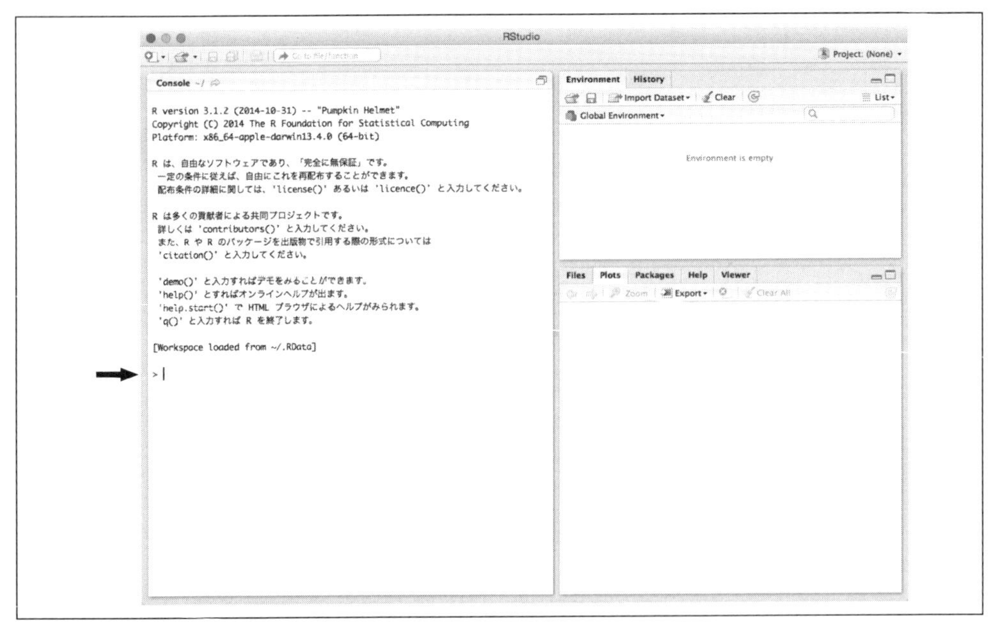

図1-1　「Console」ペインの最終行のプロンプトにRコマンドを入力すると、コンピュータは命じられたことを行う。このとき［Enter］キーを押すのを忘れないように。RStudioを初めて開いたとき、コンソールは左側のペインに表示されるが、メニューバーの「File」→「Preferences」で変更できる†。

まだコンピュータに R と RStudio をインストールしていない場合、あるいは、何を言っているのかわからない場合は、付録 A を先に読んでください。付録 A では、これら 2 つのフリーソフトウェアの概要とダウンロード、インストールの方法を説明しています。

RStudio のインターフェイスは単純にできています。RStudio の「Console」ペインの最下行に R コードを入力して［Enter］を押すと、そのコードが実行されます。入力するコードは、自分のためにコンピュータに何かをしろという命令（コマンド）になっているので、コマンドと呼ばれます。コンソールに入力する行は、**コマンドライン**と呼ばれます。

プロンプトのところにコマンドを入力して［Enter］を押すと、コンピュータはそのコマンドを実行して結果を表示します。そして、RStudio は次のコマンドのために新しいプロンプトを表示します。たとえば、`1 + 1` と入力して［Enter］を押すと、RStudio は次のように表示します。

```
> 1 + 1
[1] 2
>
```

† 訳注：Windows 版では、「Tools」→「Global Options…」、macOS 版では、「Tools」→「Global Options…」または RStudio メニューの「Preference」を選択します。

計算結果の横に [1] が表示されます。これは、この行が結果の最初の値から始まっていることを示しているだけです。コマンドの中には複数の値を返し、その値が1行に収まりきれない場合があります。たとえば、100:130 コマンドは、100から130までの数列を作成し、31個の値を返します。第2、第3行の先頭には新たな角カッコで囲まれた数値が表示されることに注意します。これらの数値は、第2行の結果が14番目の値から始まり、第3行が27番目の値から始まることを示しているだけです。ほとんどの場合、この角カッコで囲まれた数値は無視してかまいません。

```
> 100:130 ❶
[1] 100 101 102 103 104 105 106 107 108 109 110 111 112
[14] 113 114 115 116 117 118 119 120 121 122 123 124 125
[27] 126 127 128 129 130
```

❶ コロン演算子（:）は、2つの整数の間†に含まれるすべての整数を返します。数値のシーケンスを簡単に作れます。

Rは言語ではないの？

みなさんは、私がRに話しかけるような言い方を第三者として聞くことがあるでしょう。たとえば、「Rにこれをせよと命令してください」、「Rにあれをせよと命令してください」のような形です。もちろん、Rは何もできません。Rは言語に過ぎないのです。このような言い方は、「RStudioコンソールのコマンドラインにR言語で書かれたコマンドを書き、コンピュータにそれを実行せよと命令してください」と言うべきことを省略しているのです。実際に仕事をするのは、Rではなく、手元のコンピュータです。

この省略はわかりにくく、こんな言い方をするのはちょっと手抜きではないかって？ その通りです。多くの人々がこんな言い方をするのでしょうか。私が知っている人は全員このような言い方をします。おそらく、便利な言い方だからでしょう。

いつコンパイルするのか？

C、Java、FORTRANなどの言語では、人間が読めるコードを機械が読めるコード（主として0と1で構成されます）にコンパイルしなければ、コードを実行できません。以前そのような言語でプログラムを書いたことがあれば、Rコードを実行するためには先にRコードをコンパイルしなければならないのかどうか悩むかもしれません。答えはノーです。Rは動的プログラミング言語‡なので、Rはコードを実行するたびに自動的にコードを解釈します。

完結していないコマンドを入力して［Enter］を押すと、Rは+というプロンプトを表示します。これは、コマンドの残りの部分が入力されるのを待っているという意味です。コマンドを最後まで入力するか、［Esc］キーを押して最初からコマンドを入力してください。

† 監訳者注：両端の値も含みます。

‡ 監訳者注：インタプリタ言語。

```
> 5 -
+
+ 1
[1] 4
```

Rが理解できないコマンドを入力すると、エラーメッセージが返されます。エラーメッセージが表示されたからといって取り乱さないでください。Rは、指示したことをコンピュータが理解できていない、または実行することができないことを知らせてきているだけです。その場合は、次のプロンプトで別のコマンドを試すことができます。

```
> 3 % 5
エラー: 予想外の 入力 です in "3 % 5"
>
```

コマンドラインのコツが掴めたら、電卓でできるようなことはすべてRで簡単に行うことができます。たとえば、次のようにすれば、基本的な四則演算を行うことができます。

```
2 * 3
## 6

4 - 1
## 3

6 / (4 - 1)
## 2
```

このコードは今までのコードと少し違うことに気付かれたでしょうか。>と[1]を省略してあります。コンソールにコードを入力したいと思ったときに簡単にコピー&ペーストできるようにするためです†。

Rは、ハッシュタグ記号(#)を特別なものとして扱います。行の中で#が出てくると、それ以降のものをすべて無視するのです。これは、コードにコメントや注釈を付けるために役に立ちます。人間はコメントを読めますが、コンピュータはコメントを読み飛ばします。ハッシュタグ記号は、Rでは**コメント記号**と呼ばれます。

この本では、これからハッシュタグ記号を使ってRコードの出力を表示することにします。私自身のコメントに対しては1個のハッシュタグ記号、コードの実行結果に対しては2個のハッシュタグ記号(##)を使います。特別に理由がない限り、>と[1]は省略します。

コマンドの取り消し

Rコマンドの中には、実行に時間がかかるものがあります。実行を開始したコマンドを取り消すには、[Ctrl] + [C] を入力します。ただし、コマンドの取り消しにも時間がかかることがあります。

† 監訳者注：pdf版からコンソールにコピーするための配慮です。

練習問題

RStudio で R コードを実行する基本インターフェイスは、これまでに説明した通りです。マスターできたと思うなら、次の簡単な作業をしてみてください。すべてが正しければ、最初に選んだのと同じ数に戻ってくるはずです。

1. 何か数を選んで 2 を足す。
2. 1. の答えを 3 倍する。
3. 2. の答えから 6 を引く。
4. 3. の答えを 3 で割る。

この本全体を通じて、今のような形で練習問題を出していきます。すべての問題には、次のような模範解答を付けます。

たとえば、最初に 10 を選ぶと、次のようになります。

```
10 + 2
## 12

12 * 3
## 36

36 - 6
## 30

30 / 3
## 10
```

R の使い方はおわかりいただけたと思うので、R を使って仮想サイコロを作ってみましょう。2 ページほど前で使った : 演算子を使えば、1 から 6 までの数列が簡単に作れます。: 演算子は、結果を**ベクトル**、すなわち 1 次元の数値集合という形で返します。

```
1:6
## 1 2 3 4 5 6
```

仮想サイコロを表現するために必要な情報はこれだけです。しかし、まだこれでは完成ではありません。1:6 を実行すると、数値のベクトルが生成されますが、それだけではこのベクトルはコンピュータのメモリのどこにも保存されません。目に見えているものは、一瞬だけ存在してなくなってしまうコンピュータの RAM 上の 6 個の数値の足跡のようなものです。この数値を再び使いたいなら、コンピュータのどこかに数値を保存しておくように指示しなければなりません。R**オブジェクト**を作れば、これを実現できます。

1.2 オブジェクト

Rでは、Rオブジェクトの中にデータを格納すれば、データを保存できます。オブジェクトとは何なのでしょうか。それは、格納されたデータを取り出すための名前のことです。たとえば、aとかbといったオブジェクトにデータを保存することができます。Rはオブジェクトに行き当たると、次に示すように、オブジェクトに保存されているデータに置き換えます。

```
a <- 1 ❶
a ❷
## 1

a + 2 ❸
## 3
```

❶ Rオブジェクトを作るには、名前を選び、<- 演算子（不等号の小なり記号に続けてマイナス記号）でそのオブジェクトにデータを保存します。すると、Rはオブジェクトを作り、与えられた名前を付け、その中に矢印（<-）の後に続くものを格納します。

❷ Rにaの中身を尋ねると、次の行で答えてくれます。

❸ オブジェクトは、新しいRコマンドの中でも使えます。aには先ほど1という値を格納しているので、ここでは1に2を加えることになります。

別の例も見てみましょう。次のコードはdie（サイコロ：diceの単数形）という名前のオブジェクトを作り、1から6までの数値を格納します。オブジェクトに格納されているものを表示するには、単純にオブジェクトの名前だけを入力します。

```
die <- 1:6

die
## 1 2 3 4 5 6
```

オブジェクトを作ると、**図1-2**に示すように、そのオブジェクトがRStudioの「Environment」ペインに表示されます。このペインは、RStudioを開いてから作ったすべてのオブジェクトを表示します。

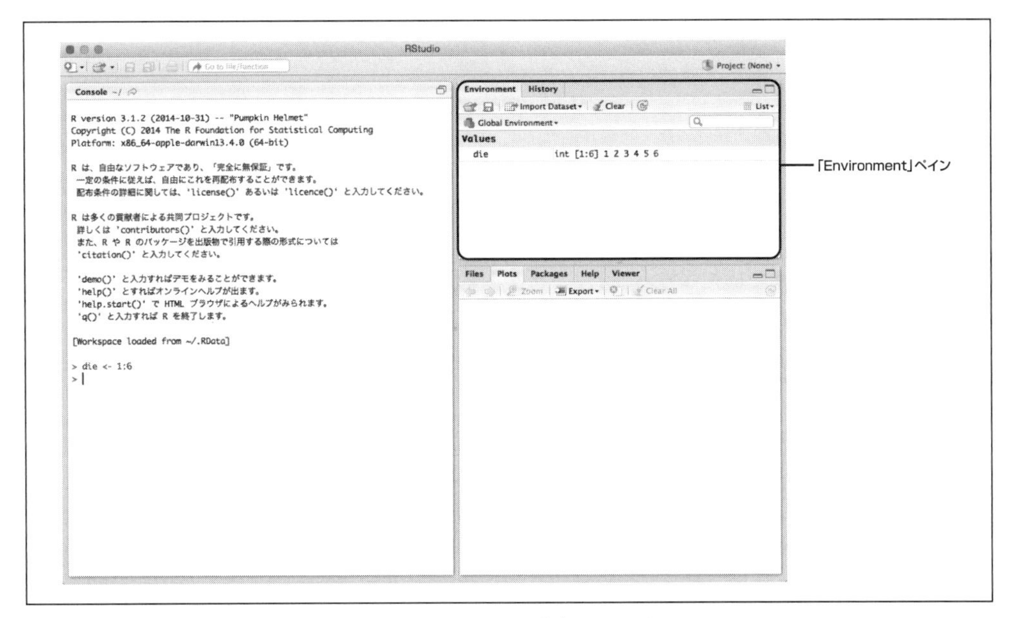

図1-2 RStudioの「Environment」ペインは、作成したRオブジェクトを管理している。

Rオブジェクトには、ほとんどどのようなものでも好きな名前を付けられますが、わずかながらルールというものがあります。まず第一に、名前の先頭を数値にすることはできません。第二に、^、!、$、@、+、-、/、*の特殊記号は名前の一部として使うことができません。

適切な名前	エラーを起こす名前
a	1trial
b	$
FOO	^mean
my_var	2nd
.day	!bad

Rは、大文字と小文字を区別するので、nameとNameは異なるオブジェクトになります。

```
Name <- 1
name <- 0

Name + 1
## 2
```

最後に、Rは許可を求めることなく、オブジェクトに格納されていた古い情報を上書きします。そこで、すでに使われている名前は使わ**ない**ようにするとよいでしょう。

```
my_number <- 1
my_number
## 1

my_number <- 999
my_number
## 999
```

ls関数を使えば、すでに使っているオブジェクト名がわかります。

```
ls()
## "a" "die" "my_number" "name" "Name"
```

すでに使った名前は、RStudioの「Environment」ペインでもわかります。

さて、読者はすでにコンピュータのメモリに格納された仮想サイコロを持っています。dieという単語を書けば、いつでも仮想サイコロにアクセスできます。では、この仮想サイコロで何ができるのでしょうか。できることは非常にたくさんあります。Rは、コマンド内にオブジェクト名が現れると、オブジェクトをその内容に置き換えます。そこで、たとえばサイコロを使ったさまざまな数学的な計算をすることができます。数学はサイコロを振るためにはあまり役に立ちませんが、一連の数値の集合の操作はデータサイエンティストにとっては必要なツールです。では、その方法を見てみましょう。

```
die - 1
## 0 1 2 3 4 5

die / 2
## 0.5 1.0 1.5 2.0 2.5 3.0

die * die
## 1 4 9 16 25 36
```

読者が線形代数の大ファンなら（え、違います？）、Rが行列の乗算規則にかならずしも従っていないことに気付かれたかもしれません。Rが使っているのは、**要素単位の実行**です。数値の集合の乗算をするとき、Rは集合内の各要素に対して同じ演算を実行します。そこで、たとえばdie - 1を実行すると、Rはdieの各要素から1を引きます。

演算で複数のベクトルを使うと、Rはベクトルの要素を並べ、一連の個別要素の演算を実行します。たとえば、die * dieを実行した場合、Rは2つのdieベクトルの要素を1列に並べ、ベクトル1の第1要素とベクトル2の第1要素の乗算をします。次に、ベクトル1の第2要素とベクトル2の第2要素の乗算をします。これをすべての要素の乗算が終わるまで続けます。結果は、**図1-3**に示すように、最初の2つのベクトルと同じ長さの新しいベクトルになります。

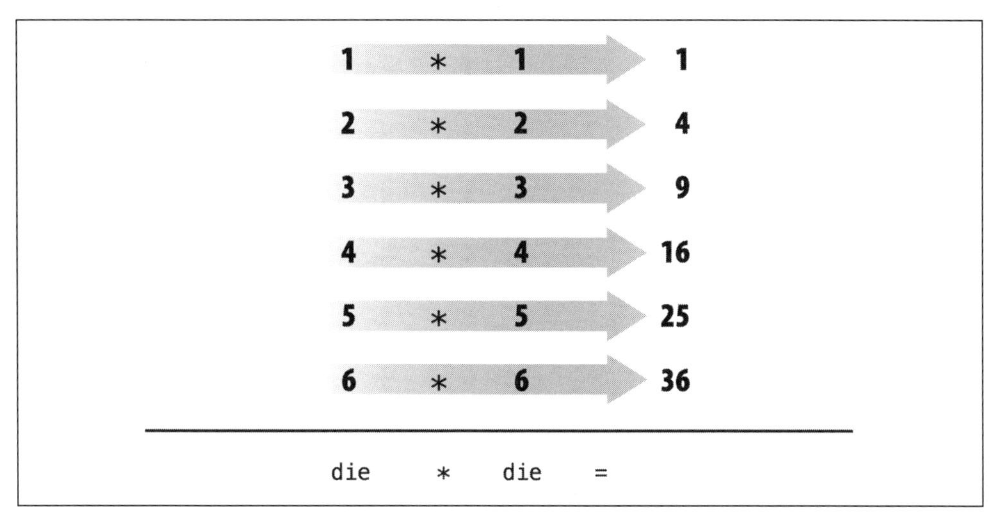

図1-3　Rが要素ごとの演算を実行するときには、2つのベクトルの対応する要素を並べ、要素の各ペアを独立に操作していく。

Rに長さの異なる2つのベクトルを渡すと、**図1-4**に示すように、Rは長い方のベクトルの長さに達するまで短い方のベクトルを繰り返し使って演算を実行します。これは、ベクトルに永続的な変更が行われるわけではありません。短いベクトルは、Rが算術演算を実行したあとも元の長さのままです。長いベクトルの長さが短いベクトルの長さで割り切れない場合、Rは警告メッセージを表示します。このふるまいは、**ベクトルのリサイクル規則**（vector recycling）と呼ばれ、Rによる要素ごとの演算を助けています。

```
1:2
## 1 2

1:4
## 1 2 3 4

die
## 1 2 3 4 5 6

die + 1:2
## 2 4 4 6 6 8

die + 1:4
## 2 4 6 8 6 8
##  警告メッセージ：
## In die + 1:4 :
##     長いオブジェクトの長さが短いオブジェクトの長さの倍数になっていません
```

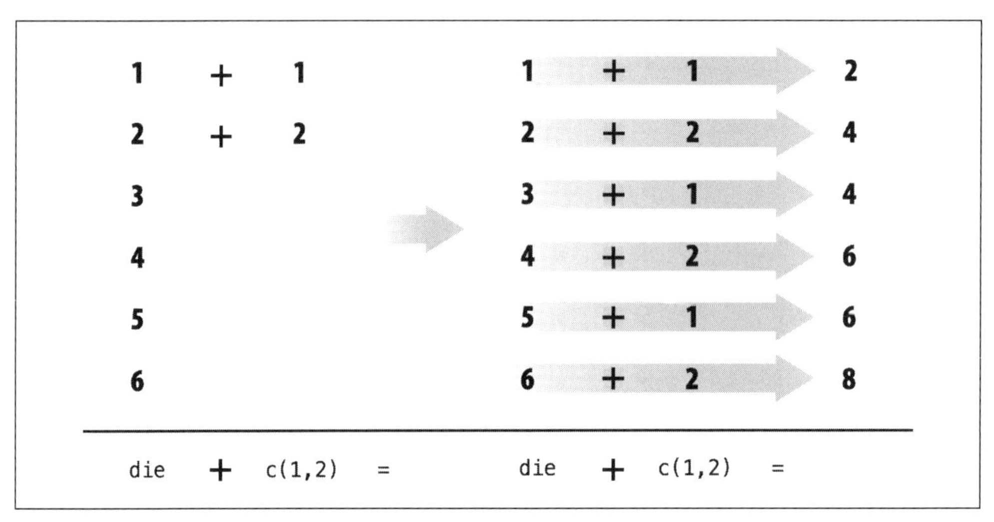

図1-4 2つの長さが異なるベクトルの間で要素ごとの演算を実行するとき、Rは短いベクトルを反復的に使う。

要素ごとの演算は、値のグループを秩序正しく操作するので、Rの中でも非常に役に立つ機能です。データセットを操作するときに要素単位の演算を使えば、ある観測や条件から得た値は、同じ観測、条件から得た値としか対にならないようにすることができます。また、要素単位の演算は、Rで独自プログラムと関数を書くときに仕事を楽にしてくれます。

しかし、Rはいわゆる行列の乗算をあきらめているのだとは思わないでください。必要なときには、そのように要求しなければならないだけの話です。行列の内積は%*%演算子、直積は%o%演算子で計算できます。

```
die %*% die
## [,1]
## [1,] 91

die %o% die
##      [,1] [,2] [,3] [,4] [,5] [,6]
## [1,]    1    2    3    4    5    6
## [2,]    2    4    6    8   10   12
## [3,]    3    6    9   12   15   18
## [4,]    4    8   12   16   20   24
## [5,]    5   10   15   20   25   30
## [6,]    6   12   18   24   30   36
```

tで転置行列を作ったり、detで行列式を計算したりすることもできます。

これらの演算についてよく知らなくても気にする必要はありません。これらの意味は簡単に調べられますし、この本ではこれらの演算は不要です。

dieオブジェクトで算術演算ができるようになったので、サイコロを「振る」ためにはどうすればよいかを考えてみましょう。自分のサイコロを振れるようにするには、基本的な算術演算よりも高度な計算が必要になります。サイコロの値の中のどれかをランダムに選ぶ必要があります。そのためには、**関数**が必要になります。

1.3 関数

Rには、無作為抽出などの高度な操作を行うための多くの関数が付属しています。たとえば、`round`関数を使えば数値を丸めることができ、`factorial`関数を使えば階乗を計算できます。関数はとても簡単に使えます。関数名を書き、カッコ内に関数に処理させたいデータを書けばよいだけです。

```
round(3.1415)
## 3

factorial(3)
## 6
```

関数に渡すデータは、関数の**引数**と呼ばれます。引数は、データそのもの、Rオブジェクト、さらにはほかのR関数の結果のどれでもかまいません。関数の結果を使う場合、**図1-5**に示すように、Rはもっとも内側の関数から外側に向かって関数を実行していきます。

```
mean(1:6)
## 3.5

mean(die)
## 3.5

round(mean(die))
## 4
```

幸いにも、サイコロを「振る」ために便利な関数がRには用意されています。Rの`sample`関数を使えば、サイコロを振ることをシミュレートできます。`sample`は2つの引数を取ります。`x`という名前のベクトルと`size`という名前の数値です。`sample`は、ベクトルから`size`個の要素を返します。

```
sample(x = 1:4, size = 2)
## 3 2
```

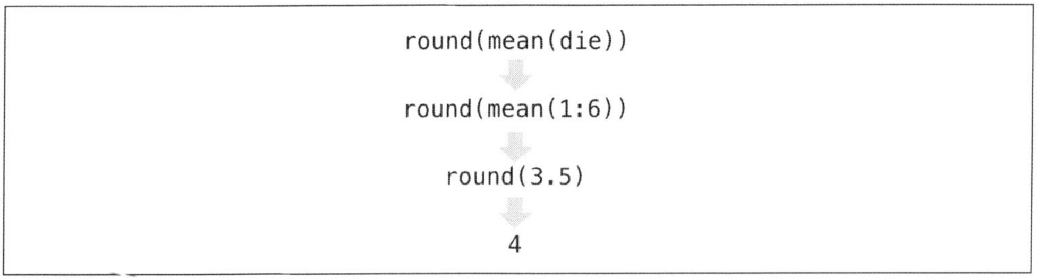

```
round(mean(die))
round(mean(1:6))
round(3.5)
4
```

図1-5 関数をつなぎ合わせると、Rはもっとも内側のものから順に外に向かって関数を解決していく。ここでは、Rはまずdieを格納している値に置き換え、次に1から6までの平均を計算し、最後にその平均を丸める。

自分のサイコロを振って数値を得るには、x に die をセットして、1 個の要素をサンプリングします。

```
sample(x = die, size = 1)
## 2

sample(x = die, size = 1)
## 1

sample(x = die, size = 1)
## 6
```

R 関数の多くは、関数に細かな指示をするための引数を複数取ります。各引数をカンマで区切りさえすれば、関数にはいくつでも好きな数の引数を渡すことができます。

ご覧のように、私は sample の引数 x と size に die と 1 をセットしました。すべての R 関数のすべての引数に名前があります。先ほどのコードのように、名前がデータに等しくなるように設定すれば、どの引数にどのデータを割り当てるかを指定することができます。名前のおかげで誤った引数に誤ったデータを渡すことを避けられるのです。しかし、名前は省略することもできます。これからコードを見ていくうちに、第 1 引数の名前は使われていないことが多いようだと感じるでしょう。先ほどのコードは、次のように書くことができます。

```
sample(die, size = 1)
## 2
```

第 1 引数の名前は記述することが無意味であることが多く、いずれにしても最初のデータがどういう意味なのかはすぐわかるのが普通です。

しかし、どの引数名を使うべきかを調べるにはどうすればよいのでしょうか。関数が想定していない名前を使うと、次のようにエラーが返されます。

```
round(3.1415, corners = 2)
## 以下にエラー round(3.1415, corners = 2) : 使われていない引数 (corners = 2)
```

関数に対してどのような名前の引数を渡すべきかがわからないときには、argsで関数の引数名を調べることができます。argsは、後ろのカッコ内に関数名を入れて使います。たとえば、次のようにすれば、round関数はx、digitsの2つの引数をとることがわかります。

```
args(round)
## function (x, digits = 0)
## NULL
```

argsの出力から、roundのdigits引数にはすでに0がセットされていることに注意しましょう。Rの関数は、このdigitsのようなオプション引数をよく使っています。この種の引数がオプションというのは、デフォルト値が与えられているからです。オプション引数には、必要ならば新しい値を渡せますが、そうでなければデフォルト値が使われます。たとえば、roundは、デフォルトで小数点以下0桁で数値を丸めます。このデフォルトを変えるには、digitsに独自の値を与えます。

```
round(3.1415, digits = 2)
## 3.14
```

複数の引数を取る関数を呼び出すときには、最初の2、3個以降の引数についてはかならず名前を書くようにすべきです。なぜでしょうか。まず、こうすると、ほかの人にとっても自分自身にとってもコードが読みやすくなります。通常は、第1の入力が何のことなのかは自明です（第2の入力についても自明な場合があります）。しかし、すべてのR関数の第3、第4の入力を覚えておくためには、かなりの記憶力が必要になります。第二に、もっと重要な理由ですが、引数名を書けばミスを防げます。

引数名を書かなければ、Rは関数の引数に順に入力をセットしていきます。たとえば、次のコードでは、第1の入力であるdieは、sampleの第1引数であるxにセットされます。

```
sample(die, 1)
## 2
```

引数の数が増えていくと、自分が考えている順序とRが把握している順序にずれが生じる可能性が高くなります。ずれてしまうと、入力は間違った引数に渡されてしまいます。引数名を使えば、それを防げます。入力がどのような順序で並べられていても、Rは指定された名前の引数に値をセットします。

```
sample(size = 1, x = die)
## 2
```

1.4 元に戻すサンプリング

sampleの引数としてsize = 2を指定すると、2個のサイコロを**ほぼ**シミュレートできます。実際にコードを動かしてみる前に、どうしてそうなるのかについて少し考えてみましょう。sampleは1個のサイコロにつき1個、合計2個の値を返します。

```
sample(die, size = 2)
## 3 4
```

これを「ほぼ」と言ったのは、この関数がちょっと面白い動作をするからです。このコードを何度も実行すると、第2のサイコロが第1のサイコロと決して同じ値にならないことがわかります。3のゾロ目のようなものが出てくることはないのです。何が起きているのでしょうか。

sampleは、デフォルトでは**元に戻さないで**サンプルを組み立てます。サイコロの値の番号札が壷か瓶の中に入っているところを想像してみましょう。sampleは、この壷か瓶に手を突っ込み、値を1つずつ取り出してサンプルを組み立てます。壷から値が取り出されると、その値は出されたままになります。壷の中に戻ることはないので、もうその値が壷から取り出されることはありません。そのため、sampleが最初に6を取り出したら、2度目にもう一度6を取り出すことはありません。6はもう壷にはなく、選択される候補ではなくなっているのです。sampleは電子的にサンプルを作っていますが、実際に壷や番号札があるのと同じルールに従っています。

この動作には、毎回の値の取り出しがその前の取り出しによって左右されるという副作用があります。しかし、実際に2個のサイコロを振ったときには、個々のサイコロはもう片方のサイコロとは無関係に値を出します。第1のサイコロが6になったからといって、第2のサイコロが6には決してならないということはありません。実際、第1のサイコロは、どのような形でも第2のサイコロに影響を及ぼしません。sampleでも、引数replace = TRUEを追加すれば、同じ動作を再現できます。

```
sample(die, size = 2, replace = TRUE)
## 5 5
```

replace = TRUEを指定すると、sampleは**元に戻す**サンプリングになります。先ほどの壷の例を使うと、元に戻すサンプリングと元に戻さないサンプリングの違いがよくわかります。元に戻すサンプリングは、壷から値を取り出してその値を記録すると、値を壺の中に戻します。つまり、sampleは、値を取り出すたびに値を**元に戻している**のです。そのため、2度目の値の取り出しでも、sampleは同じ値を選択する場合があります。どの値も毎回選択される可能性があるのです。これは、毎回の値の取り出しが最初の値の取り出しになっているようなものです。

元に戻すサンプリングは、**独立した無作為サンプル**を簡単に作れる方法です。サンプルに含まれる個々の値は、ほかの値の影響を受けないサイズ1のサンプルです。2個のサイコロをシミュレートする方法として正しいのはこれです。

```
sample(die, size = 2, replace = TRUE)
## 2 4
```

おめでとうございます。Rで最初のシミュレーションが実行できました。これで、2個のサイコロを振った結果をシミュレートするための方法が手に入りました。2つの目を合計したい場合には、結果をそのままsum関数に渡します。

```
dice <- sample(die, size = 2, replace = TRUE)
dice
## 2 4

sum(dice)
## 6
```

diceを何度も呼び出したらどうなるでしょうか。毎回新しい目が出るでしょうか。試してみましょう。

```
dice
## 2 4

dice
## 2 4

dice
## 2 4
```

ダメですね。diceを呼び出すたびに、Rは以前にsampleを呼び出したときのdiceに割り当てた結果を表示します。サイコロを新たに振った結果を作り出すために、sample(die, 2, replace = TRUE)をもう一度実行してくれるわけではないのです。Rオブジェクトの計算結果を保存すると、その結果は変化しません。オブジェクトを呼び出すたびに、オブジェクトの値が変わるのでは、プログラミングが難しくなってしまいます。

しかし、呼び出すたびにサイコロを振り直せるオブジェクトがあったら便利でしょう。独自R関数を書けば、そのようなオブジェクトを作ることができます。

1.5 独自関数の書き方

復習しておきましょう。すでに2個のサイコロを振ることをシミュレートする正しいRコードを持っています。

```
die <- 1:6
dice <- sample(die, size = 2, replace = TRUE)
sum(dice)
```

サイコロを振り直したいときには、いつでもこのコードをコンソールに入力して振り直すことができます。しかし、それではコードの操作方法としては感心できません。コードを独自関数としてまとめれば、もっと簡単にコードが操作できます。これから説明するのはまさにその独自関数にまとめる方法です。これから、仮想サイコロを振るときに使う roll という関数を書きます。完成したら、関数は次のように動作します。roll() を呼び出すたびに、Rは2つのサイコロを振って得られた値の合計を返します。

```
roll()
## 8

roll()
## 3

roll()
## 7
```

このような関数は何か不思議なもの、奇妙なものに見えるかもしれませんが、実際にはRオブジェクトの1つに過ぎません。関数は、データではなくコードを格納しています。このコードは、新しい状況でコードが再利用しやすくなるような特殊なフォーマットで格納されています。このフォーマットを作れば独自関数を書くことができます。

1.5.1 関数のコンストラクタ

Rのすべての関数は、名前、コード本体、引数の3つの部分から構成されています。独自関数を作るには、これら3つの部分を作り、Rオブジェクトに格納する必要があります。そのために、function 関数というものが用意されています。関数を作るには、次のように function() の後ろに波カッコのペアを加えた形のものを呼び出します。

```
my_function <- function() {}
```

function は、波カッコの間に配置されたRコードをもとに関数を作ります。たとえば、先ほどのサイコロのコードを関数にするには、次のようにします。

```
roll <- function() {
  die <- 1:6 ❶
  dice <- sample(die, size = 2, replace = TRUE)
  sum(dice)
}
```

❶ 波カッコ内のコードの各行をインデントしていることに注意しましょう。こうすると、コードの動作に影響を及ぼさずに、コードが読みやすくなります。Rは、スペースや改行を無視し、一度に式を1つずつ実行します。

開き波カッコ（{）のあとは、各行を入力するたびに［Enter］を押します。Rは、閉じ波カッコ（}）が入力されるのを待ってから応答を返します。

functionの出力をRオブジェクトに保存するのを忘れないようにしてください。このオブジェクトが新しい関数になります。関数を使うには、オブジェクト名の後ろに開きカッコと閉じカッコをつけて次のように入力します。

```
roll()
## 9
```

カッコは、Rが関数を実行する「引き金」のようなものだと考えることができます。**カッコなし**で関数名を入力すると、Rは関数内に格納されているコードを表示します。**カッコ付き**で関数名を入力すると、Rはそのコードを実行します。

```
roll
## function() {
##   die <- 1:6
##   dice <- sample(die, size = 2, replace = TRUE)
##   sum(dice)
## }

roll()
## 6
```

関数の中に書いたコードは、関数の**本体**と呼ばれます。Rで関数を実行すると、Rは本体に含まれているすべてのコードを実行し、最後の行の結果を返します。コードの最後の行が値を返さない場合、関数も値を返さないので、最後の行がかならず値を返すようにしましょう。このことは、コマンドラインで本体のコードを1行ずつ実行したらどうなるかについて考えればチェックできます。最後の行を実行したあと、Rは結果を表示するでしょうか、それともしないでしょうか。

次に示すのは、どれも結果を表示するコード行です。

```
dice
1 + 1
sqrt(2)
```

それに対し、次のコードはどれも結果を表示しません。

```
dice <- sample(die, size = 2, replace = TRUE)
two <- 1 + 1
a <- sqrt(2)
```

パターンはおわかりでしょうか。これらのコードはコマンド行に値を返さず、値をオブジェクトに保存しています。

1.6 引数

関数から1行のコードを取り除き、dieという名前をbonesに変えて次のようにするとどうなるでしょうか。

```
roll2 <- function() {
  dice <- sample(bones, size = 2, replace = TRUE)
  sum(dice)
}
```

この関数を実行するとエラーが返されます。roll2の実行にはbonesオブジェクトが必要ですが、bonesという名前のオブジェクトはどこにも見当たらないのです。

```
roll2()
## 以下にエラー sample(bones, size = 2, replace = TRUE) :
## オブジェクト 'bones' がありません
```

bonesをroll2関数に対する引数にすれば、roll2を呼び出すときにbonesを渡すことができます。そのためには、roll2を定義するときに、関数の後ろのカッコの中にbonesという名前を入れます。

```
roll2 <- function(bones) {
  dice <- sample(bones, size = 2, replace = TRUE)
  sum(dice)
}
```

これで、関数呼び出しのときにbonesを渡していればroll2は動作するようになります。これを利用すれば、roll2を呼び出すたびに、タイプの異なるサイコロを振ることができます。では早速試してみましょう。

ここでは2個のサイコロを振っていました。

```
roll2(bones = 1:4)
## 3

roll2(bones = 1:6)
## 10

roll2(1:20)
## 31
```

roll2は、呼び出し時にbones引数の値を渡さなければ、依然としてエラーを返すことに注意しましょう。

```
roll2()
## 以下にエラー sample(bones, size = 2, replace = TRUE) :
## 引数 "bones" がありませんし、省略時既定値もありません
```

このエラーは、bones引数にデフォルト値を与えれば表示されなくなります。roll2を定義するときに、bonesに値を指定しましょう。

```
roll2 <- function(bones = 1:6) {
  dice <- sample(bones, size = 2, replace = TRUE)
  sum(dice)
}
```

これで指定したければbonesに新しい値を指定し、そうでなければroll2はデフォルトを使うようになります。

```
roll2()
## 9
```

関数には、いくつでも引数を指定できます。引数は、関数の後ろのカッコの中にカンマで区切って引数の名前を並べるだけで指定できます。関数が実行されると、Rは関数本体の個々の引数名をユーザーが渡した入力値に置き換えていきます。ユーザーが値を指定しなければ、Rは引数名を引数のデフォルト値（定義されている場合）に置き換えます。

以上をまとめると、functionを使えば、独自R関数を作ることができます。functionの後ろの波カッコの間にコードを書いて、関数のコード本体を作ります。引数は、functionに続くカッコに引数名を並べて指定します。最後に、functionの出力をRオブジェクトに保存して関数に名前を与えます。**図1-6**は、今の説明を図示したものです。

独自関数を作ると、Rはそれをほかの関数と同じように扱います。これがどんなに便利なことか考えてみてください。今までにExcelの新オプションを作ってそれをMicrosoftのメニューバーに追加してみようとしたことがありますか。新しいスライドアニメーションを作ってPowerPointのオプションに追加しようとしたことがありますか。プログラミング言語を相手にすれば、そうい

うことができるようになるのです。Rプログラミングを学んでいくに従って、いつでも好きなときに自分のためにカスタマイズされた、再現可能なツールを作れるようになります。第Ⅲ部では、Rの関数の書き方についてもっと多くのことを説明します。

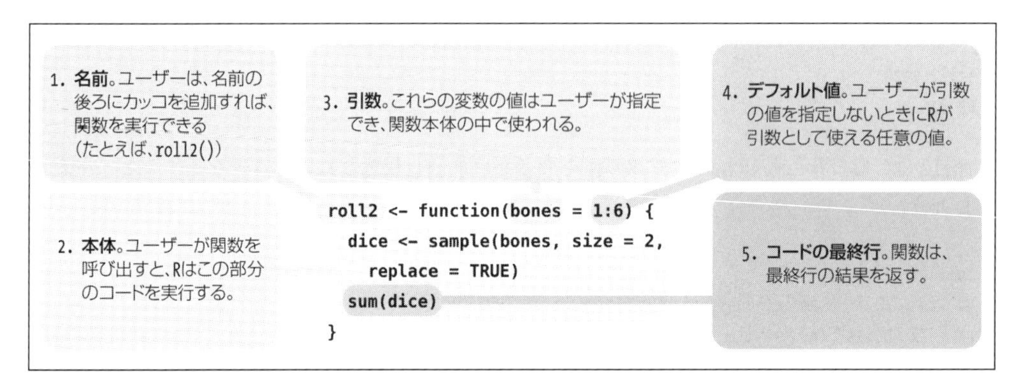

図1-6　Rのすべての関数は同じ部品で構成されており、function関数を使えばこれらの部品を作ることができる。

1.7 スクリプト

roll2を再度編集し直したいときにはどうすればよいでしょうか。最初に戻ってroll2のコードの各行を入力し直しても構いませんが、最初からコードの原型となるものがあれば、作業はずっと楽になるはずです。R**スクリプト**を使えば、コードの原型を作ることができます。Rスクリプトは、Rコードが保存されたプレーンテキストファイルです。メニューバーで「File」→「New File」→「R Script」を選べば、RStudio内にRスクリプトを開くことができます。RStudioは、**図1-7**に示すように、「Console」ペインの上に新しいスクリプトを開きます。

私は、コンソールでRコードを実行する前に、スクリプト内でRコードを書き、編集することを強くお勧めしたいと思います。どうしてでしょうか。この習慣を身につけると、自分の仕事の再現可能な記録が作られていくからです。1日の仕事が終わったら、スクリプトを保存すれば、翌日にそれを使って改めて分析全体を実行することができます。スクリプトは、コードの編集、技術チェックのためにも便利です。スクリプトを作れば、ほかの人にシェアできる自分の仕事のコピーが作られます。スクリプトを保存するには、スクリプトペインをクリックし、メニューバーで「File」→「Save As」を選択します。

RStudioには、スクリプトが操作しやすくなるような組み込み機能が多数含まれています。まず、**図1-8**に示すように、「Run」ボタンをクリックすれば、スクリプト内のコード行を自動的に実行できます。

Rは、そのときにカーソルが置かれている行を実行します。セクション全体をハイライト表示すると、Rはそのハイライト表示されたコードを実行します。また、「Source」ボタンをクリックすれば、スクリプト全体を実行できます。ボタンのクリックは避けたいですか。それなら、［Ctrl］+［Return］を押せば、「Run」ボタンのショートカットになります。Macでは、［Command］+［Return］を使ってください。

図1-7 Rスクリプトを開くと（メニューバーの「File」→「New File」→「R Script」）、RStudioは「Console」ペインの上にコードを書いたり編集したりするための第4のペインを開く。

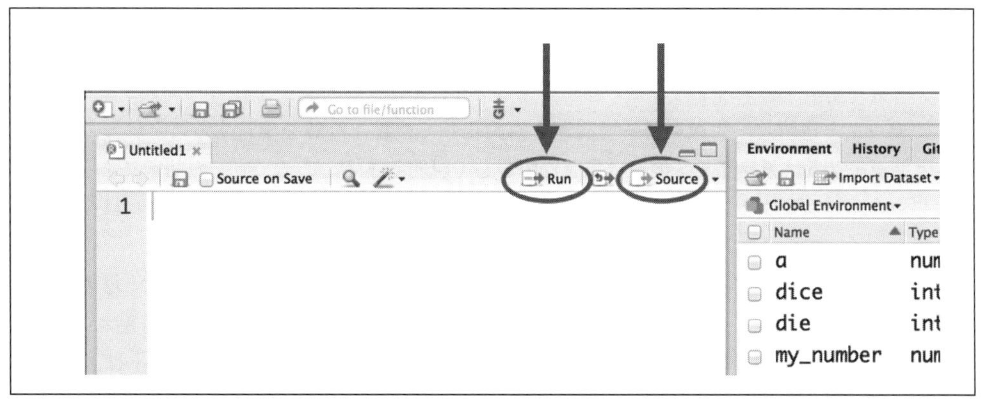

図1-8 スクリプトペイン上部の「Run」ボタンをクリックすれば、スクリプト内のハイライト表示されたコードを実行できる。また、「Source」ボタンをクリックすれば、スクリプト全体を実行できる。

スクリプトの必要性が納得できない読者も、すぐあとでなるほどと思うはずです。コンソールの1行コマンドラインに複数行のコードを書くのは苦痛になってきます。その苦痛を避けるために、今、次章に移る前に最初のスクリプトを開いておきましょう。

Extract Function コマンド

RStudioには、関数を作るときに便利なツールが付属しています。このツールを使うには、関数にしたいRスクリプト内のコードをハイライト表示します。次に、メニューバーの「Code」→「Extract Function」をクリックします。RStudioが関数に付ける名前を尋ねてくるのでそれに答えると、そのコードが`function`呼び出しにまとめられます。また、コードの中の未定義変数を探して、それらを引数として定義します。RStudioの自動処理はダブルチェックしましょう。ツールは入力されるコードが正しいことを前提としているので、コードが何かおかしなことをしていれば、そのコードは問題を抱えることになります。

1.8 まとめ

読者はすでに非常に多くのことを学んでいます。コンピュータのメモリ内に仮想サイコロを作り、2個のサイコロを振る独自R関数も作りました。さらに、R言語を話し始めています。

今までに示してきたように、Rはコンピュータと対話ができる言語です。Rでコマンドを書き、コマンドラインでそれを実行すると、コンピュータはコマンドを読みます。コンピュータは、ときどきこちらに逆に話しかけてくることがあります。たとえば、ミスを犯したときがそうです。しかし、通常は指示したことを行い、結果を表示します。

R言語でもっとも重要なコンポーネントは2つあります。データを格納するオブジェクトとデータを操作する関数です。Rには、基本動作を実行する`+`、`-`、`*`、`/`、`<-`のような演算子もあります。データサイエンティストとしての仕事をする上で、Rオブジェクトを使ってコンピュータのメモリにデータを格納し、関数を使って課題を自動化して複雑な計算を実行することになるでしょう。オブジェクトは第Ⅱ部で、関数は第Ⅲ部で詳しく説明します。ここで覚えた語彙によって、これら2つのプロジェクトは理解しやすくなっているはずです。しかし、まだサイコロは完成していません。

2章では、サイコロを使ったシミュレーションを実行し、最初のグラフを作ります。また、R言語でもっとも役に立つ**Rパッケージ**とRドキュメントの2つのコンポーネントにも触れます。Rパッケージは Rの有能な開発者コミュニティが書いた関数の集まり、Rドキュメントは R言語に含まれるすべての組み込み関数とデータセットについて説明したRのヘルプページの集まりです。

2章 パッケージとヘルプページ

2個のサイコロを振ることをシミュレートする関数があるとしましょう。ここで話を少し面白くするために、サイコロにウェイトをかけて細工をしてみましょう。勝つのはいつもカジノ側です。いいですね？ 小さな数よりも大きな数の方が少し出やすくなるようにしてみましょう。

しかし、ウェイトをかける前に、まずサイコロが本当に歪みがないものなっているかどうかを確認しなければなりません。このテストで役に立つツールは、**反復**と**可視化**です。偶然の一致ですが、これらのツールは、データサイエンスの世界でもっとも役に立つ2つです。

サイコロを振る操作の反復はreplicateという関数、サイコロを振った結果の可視化はqplotという関数で行います。qplotはダウンロードしたままの状態のRには含まれていません。qplotは独立したRパッケージになっています。役に立つRツールの多くはRパッケージという形で配布されています。そこで、少し時間を割いてRパッケージとは何か、どのように使ったらよいのかについて説明しておきましょう。

2.1 パッケージ

Rで独自関数を書いているのは読者だけではありません。多くの教授、プログラマ、統計学の専門家がRを使ってデータ分析に役立つツールを設計しています。そして、誰もが使えるように、それらのツールを公開しています。そうしたツールを使うためには、ダウンロードが必要になります。ツールは、パッケージと呼ばれる関数とオブジェクトの集まりという形式で流通しています。Rパッケージのダウンロード、更新は付録Bで詳しく説明しますが、ここでも基本的なことを押さえておきましょう。

ここでは、qplot関数を使って簡単なプロットを作ります。qplotはグラフィックスの作成で人気のあるggplot2というパッケージに含まれています。qplot、あるいはggplot2パッケージに含まれるほかの関数を使うためには、まずggplot2をダウンロード、インストールしなければなりません。

2.1.1 install.packages

Rのパッケージは、Rをホスティングしているのと同じhttp://cran.r-project.orgというウェブサイトでホスティングされています。しかし、Rパッケージはいちいちウェブサイトに行かなくても、Rのコマンドラインから直接パッケージをダウンロードできるのです。方法は次の通りです。

1. RStudioを開く。
2. インターネットに接続していることを確認する。
3. コマンドラインでinstall.packages("ggplot2")を実行する。

これだけです。Rは、コンピュータをウェブサイトに接続し、ggplot2をダウンロードし、Rにとって適切なハードウェア上の位置にパッケージをインストールします。これでggplot2パッケージが手に入りました。ほかのパッケージをインストールしたい場合には、ggplot2ではなく、そのパッケージの名前を使ってください。

2.1.2 library

パッケージをインストールしても、まだパッケージ内の関数がすぐに手に届くところにあるわけではありません。インストールは、単純にハードディスクにパッケージを格納しただけです。Rパッケージを使うためには、次にlibrary("ggplot2")コマンドでRセッションにパッケージをロードしなければなりません。別のパッケージをロードしたい場合には、ggplot2ではなく、そのパッケージの名前を使ってください。

これでどうなるかを理解するために、ちょっとした実験をしてみましょう。まず、Rにqplot関数を見せてくれと指示します。しかし、qplotはまだロードしていないggplot2パッケージの中にあるので、Rはqplotを見つけられません。

```
qplot
## エラー: オブジェクト 'qplot' がありません
```

では、ggplot2パッケージをロードしましょう。

```
library("ggplot2")
```

先ほど説明したようにinstall.packagesを使ってパッケージをインストールしてある場合、これですべてがうまくいくはずです。結果やメッセージが表示されないからといって気にする必要はありません。パッケージをロードするときには、知らせがないのがよい知らせです。ggplot2は、役に立つスタートアップメッセージを表示することがあります。「Error」あるいは「エラー」という言葉が含まれていなければ、うまくいっているということです。

この時点でqplotを見ようとすると、Rはかなりの量のコードを表示します(qplotは長い関数です)。

```
qplot
## (かなりの量のコード)
```

付録Bでは、パッケージの入手と利用の方法についてもっと詳しく説明します。Rのパッケージシステムについてあまり詳しくない読者は付録Bを読むことをお勧めします。ここで覚えておきたいのは、パッケージをインストールするのは一度だけでよいものの、新しいRセッションでパッケージを使いたくなるたびにlibraryでパッケージをロードしなければならないということです。

qplotがロードできたので、早速使ってみましょう。qplotは、「quick plot」、つまり手軽にプロット（グラフ）が描けるという意味です。qplotに同じ長さの2つのベクトルを渡すと、qplotは散布図を描画します。qplotは最初のベクトルを値xの集合、第2のベクトルを値yの集合として扱います。qplotを実行すると、RStudioウィンドウの右下のペインの「Plots」タブにプロットが表示されます。

次のコードを実行すると、**図2-1**に示すようなグラフが表示されます。これまでは、**:**演算子を使って数値のシーケンスを作っていましたが、数値のベクトルはc関数でも作れます。ベクトルに入れたいすべての数値をカンマで区切ってcに渡してください。cは**連結（concatenate）**という意味ですが、「集める（collect）」とか「結合する（combine）」という意味と考えることもできます。

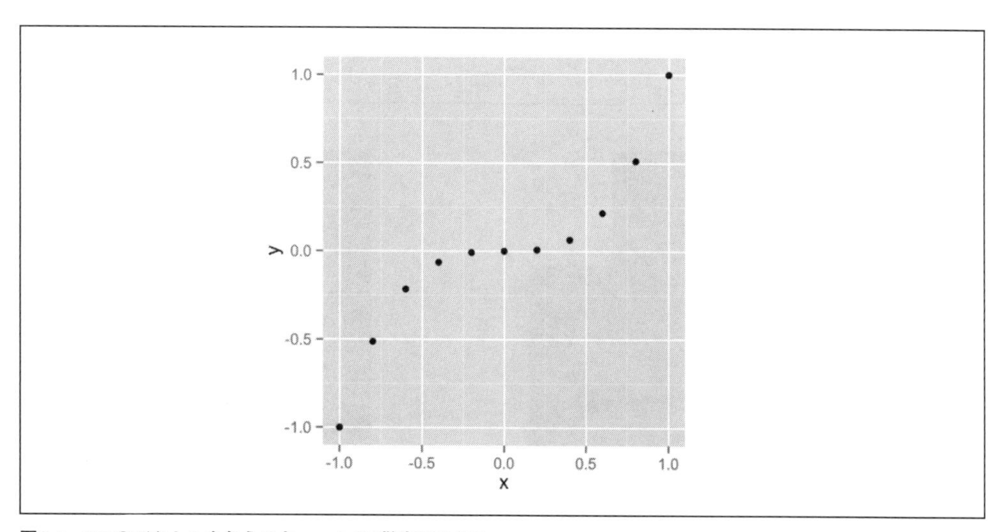

図2-1　2つのベクトルを与えると、qplotは散布図を作る。

```
x <- c(-1, -0.8, -0.6, -0.4, -0.2, 0, 0.2, 0.4, 0.6, 0.8, 1)
x
## -1.0 -0.8 -0.6 -0.4 -0.2  0.0  0.2  0.4  0.6  0.8  1.0

y <- x^3
y
## -1.000 -0.512 -0.216 -0.064 -0.008  0.000  0.008
```

```
## 0.064 0.216 0.512 1.000
```

```
qplot(x, y)
```

ベクトル x と y に名前を付ける必要はありません。名前を付けたのは、例をわかりやすくするためです。**図 2-1** に示すように、散布図は点の集合であり、個々の点は x と y の値によってプロットされます。x と y のベクトルは、11 個の点を表現しています。R は、x と y に含まれる値をどのように組み合わせてこれらの点を作ったのでしょうか。それは、**図 1-3** で示した要素ごとの実行によってです。

散布図は、2 つの変数の関係を可視化してくれます。しかし、ここでは**ヒストグラム**という別のタイプのグラフを使うことにしましょう。ヒストグラムは、1 つの変数の分布を可視化します。ヒストグラムは、x の個々の値について何個のデータポイントがあるかを表示します。

ヒストグラムを見て、意味があるかどうかを確かめてみましょう。qplot にプロットするベクトルを 1 つだけ渡すと、ヒストグラムを作ります。次のコードは、**図 2-2** の左側のプロットを作ります（右側のプロットについてはすぐあとで考えます）。グラフが同じに見えるように、binwidth = 1 という引数を加えることにします。

```
x <- c(1, 2, 2, 2, 3, 3)
qplot(x, binwidth = 1)
```

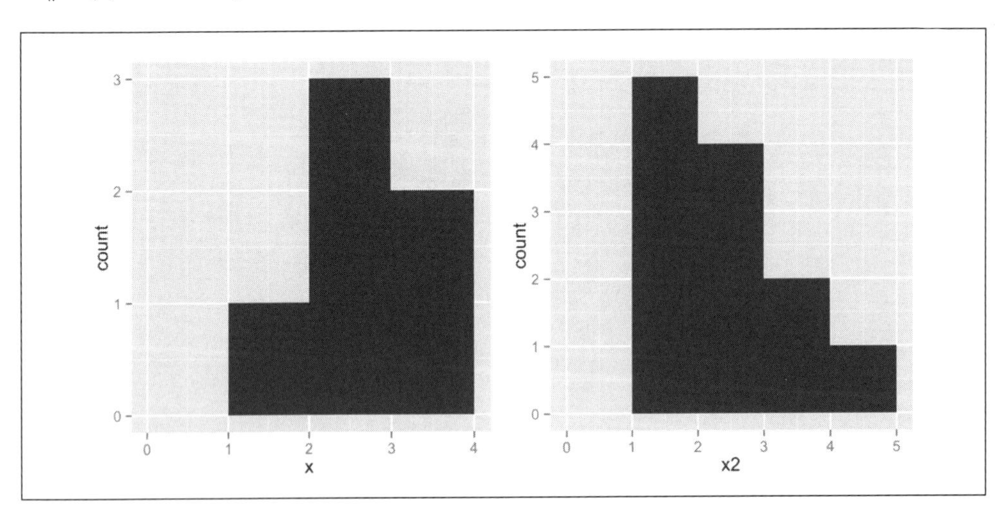

図2-2 qplotは、ベクトルを1つ渡されるとヒストグラムを作る。

このプロットは、区間 [1, 2) の上に高さ 1 のバーを置き、qplot 関数に渡したベクトルにこの区間の値が 1 つ含まれていることを示しています。同様に、区間 [2, 3) の上に高さ 3 のバーを置いて、ベクトルにこの区間の値が 3 つ含まれていることを示しています。さらに、区間 [3, 4) の上に高さ 2 のバーを置いて、ベクトルにこの区間の値が 2 つ含まれていることを示しています。

区間を示す記法の中で、角カッコ（[）は左側の値が区間の中に含まれていること、普通のカッコ（)）は右側の値が区間に含まれ**ない**ことを表しています。

別のヒストグラムを試してみましょう。今度のコードは、**図2-2**の右側のプロットを作るものです。x2には値1の点が5つあります。ヒストグラムは、x2 = [1, 2) の区間の上に高さ5のバーをプロットしてそのことを表しています。

```
x2 <- c(1, 1, 1, 1, 1, 2, 2, 2, 2, 3, 3, 4)
qplot(x2, binwidth = 1)
```

練習問題

x3は次のようなベクトルだとします。

```
x3 <- c(0, 1, 1, 2, 2, 2, 3, 3, 4)
```

x3のヒストグラムがどのようなものになるかを予想してみてください。ヒストグラムは、幅1のビンを持つものとします。ヒストグラムのバーの数はいくつになるでしょうか。バーはどこに現れるでしょうか。高さはそれぞれどうなるでしょうか。

以上に答えたら、binwidth = 1でx3のヒストグラムをプロットし、予想が正しかったかどうかを確かめてください。

x3のヒストグラムは、qplot(x3, binwidth = 1)で作ります。このヒストグラムは左右対称のピラミッドのような形になるでしょう。中央のバーは、[2, 3)の上に高さ3で作られますが、実際に試して確かめるようにしてください。

ヒストグラムを使えば、xのさまざまな値がどれくらい月並みなのかが見てわかるように表示できます。高いバーが立っている数は短いバーの数よりも月並みではないということになります。

では、サイコロの精度をチェックするためにヒストグラムをどのように使えばよいのでしょうか。

何度もサイコロを振って結果を記録していくと、ほかの数よりもよく出る数があるはずです。それは、**図2-3**に示すように、2つの出目の和が同じ数になる組合せがいくつもある場合とそうでない場合があるからです。

2つのサイコロを何度も振って、qplotで結果をヒストグラムにすると、個々の和がどれくらいの頻度で現れるかがわかります。もっとも頻繁に発生した和はバーがもっとも高くなります。サイコロが歪みのないウェイトになっていれば、ヒストグラムは**図2-3**のようなパターンになるはずです。

ここでreplicate関数の出番がやってきます。replicateを使えば、Rコマンドをたやすく何度も反復実行できるようになります。replicateには、まずRコマンドを反復実行したい回数、次に反復実行したいコマンドを渡します。replicate はコマンドを複数回実行して結果をベクトルとして格納します。

```
replicate(3, 1 + 1)
## 2 2 2

replicate(10, roll())
##  3  7  5  3  6  2  3  8 11  7
```

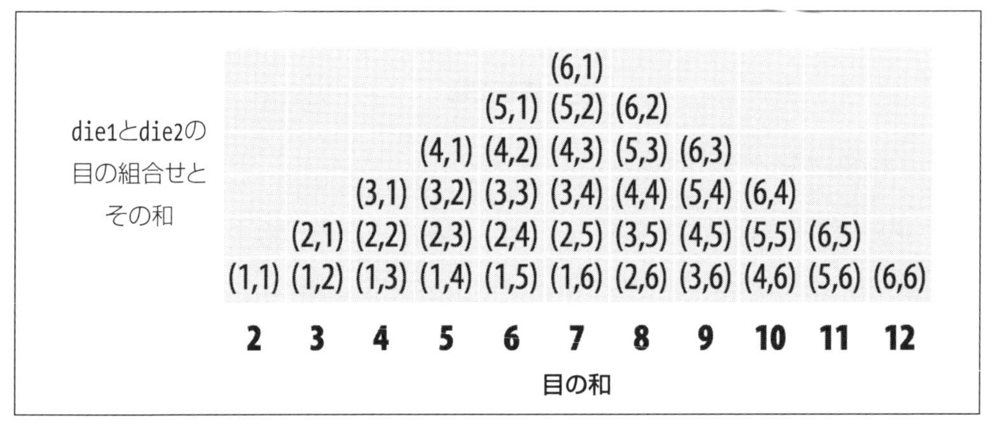

図2-3　2つのサイコロの個々の組合せは同じ頻度で発生する。そのため、ほかの和よりも頻繁に発生する和が出てくる。歪みのないサイコロであれば、個々の和が生まれる回数は、その和を作り出す出目の組合せに比例した数になる。

この 10 回振った結果をヒストグラムにしても、おそらく**図 2-3** に示すようなパターンにはならないでしょう。なぜかというと、偶然に左右される部分が大きいからです。私たちが実生活でサイコロを使うのは、サイコロが実質的に乱数生成器になっているからです。長期的な頻度のパターンが現れるのは、長期に渡って実行したときだけです。では、サイコロを 1 万回振ることをシミュレートして結果をプロットしてみましょう。心配はいりません。qplot と replicate が処理してくれます。結果は**図 2-4** に示す通りです。

```
rolls <- replicate(10000, roll())
qplot(rolls, binwidth = 1)
```

この結果を見ると、このサイコロは歪みなくできているようです。何度も実行すると、個々の和の発生回数は、その和を作り出す出目の組合せの個数に比例したものになります。

では、偏った結果を生むためにはどうすればよいでしょうか。先ほどのようなパターンが生まれるのは、サイコロの組合せ（たとえば、(3, 4)）が同じ頻度で発生するからです。どちらかのサイコロで 6 が出る確率を増やすと、6 が含まれている組み合わせはそうでない組合せよりも頻繁に発生するようになります。(6, 6) という組合せは、頻度がもっとも大きく上がるでしょう。だからといって、和が12になる頻度が7になる頻度よりも高くなるわけではありませんが、サイコロを振った結果は、和が大きくなる方向に歪むでしょう。

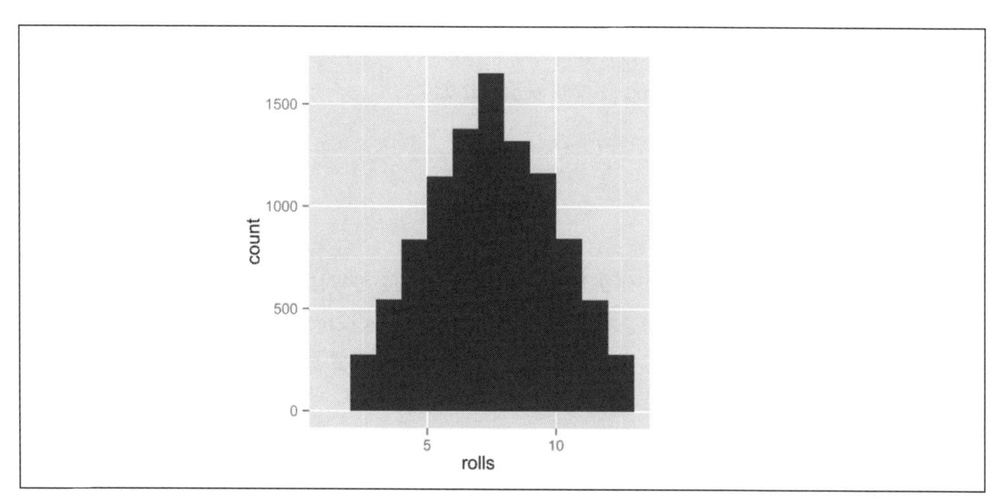

図2-4 サイコロのふるまいを見る限りでは、これらのサイコロは歪みがない。ほかの和よりも7が発生する頻度が高く、頻度は和を作り出す出目の組合せの数に比例して減っていく。

言い換えれば、歪みのないサイコロで個々の出目が出る確率は1/6です。それに対し、5までの値が出る確率はそれぞれ1/8、6が出る確率は3/8になるようにサイコロを変えてみましょう。

出目	等確率	ウェイトをかけた確率
1	1/6	1/8
2	1/6	1/8
3	1/6	1/8
4	1/6	1/8
5	1/6	1/8
6	1/6	3/8

個々の値が出る確率は、`sample`関数に新しい引数を追加すれば変えられますが、その引数が何かは説明しません。代わりに、`sample`関数のヘルプページの探し方を説明します。え？ R関数にはヘルプページがついているの？ その通り、ヘルプページがあります。その読み方を学びましょう。

2.2 ヘルプページに教えてもらう

Rには1000個を超える関数があり、それに加えて新しいR関数が次々に作られています。それだけに覚えるのはひと苦労です。幸い、R関数には、専用のヘルプページ（英語です）が作られており、? の後ろに関数名を続けて入力すれば、これらのコマンドのヘルプページが表示されます。RStudioでは右下のペインの「Help」タブに表示されます。

```
?sqrt
?log10
?sample
```

ヘルプページには、個々の関数が何をしてくれるのかについて役に立つことが書かれています。ヘルプページはコードのドキュメントとしての役割も果たしているので、読むのがちょっと辛い場合もあります。関数のことをすでによく知っており、ヘルプを必要としない人のために書かれているのではないかと思うようなこともよくあります。

だからといって、ヘルプを避けないでください。意味がわかるところだけを読み、ほかの部分は知ったかぶりをするだけでも、ヘルプページからは多くの知識が得られます。このテクニックを採用すると、必然的に個々のヘルプページの中でもっとも役に立つ部分、つまり最後に注目することになるでしょう。ほぼすべてのヘルプページは、そこで実際に関数を使ったサンプルコードを示しています。このコードは、例で学べるすばらしい教材です。

Rパッケージに含まれる関数のヘルプページは、パッケージがロードされていなければ表示できません。

2.2.1 ヘルプページの構成要素

個々のヘルプページは、セクションに分割されています。どのセクションがあるかはヘルプページによって異なりますが、通常は、次のような役に立つテーマが含まれているはずです。

Description（概要）
: 関数が何をしてくれるかを短くまとめた説明。

Usage（構文）
: 関数呼び出しの書き方の例。関数の個々の引数が、Rの想定している順序で並べられています（引数名を使わない場合の順序ということです）。

Arguments（引数）
: 関数が取る引数、Rが引数に渡すべき値として想定している情報のタイプ、その情報の使い方をまとめたリスト。

Details（詳細）

関数とその動作についての詳しい説明。関数を使うときに知っておきたい注意事項がある場合には、ここに書かれています。

Value（戻り値）

関数を実行したときに返される情報についての説明。

See Also（参照）

関連するR関数の短いリスト。

Examples（使用例）

確実に動作することが保証された関数の使用例のコード。Examplesセクションは、通常、関数の異なる使い方を具体的に示しています。ここを見ると、関数で何ができるのかについてのイメージが掴めます。

名前を忘れてしまった関数のヘルプページを見たいときには、キーワードで検索することができます。Rのコマンドラインで疑問符を2つ入力してからキーワードを入力してください。Rはそのキーワードに関連するヘルプページのリンクのリストを作ります。これはヘルプページのヘルプページと考えることができるでしょう。

```
??log
```

それでは、sampleのヘルプページを見てみましょう。私たちは、サンプリング過程での確率を変えるために役立つものを探していることを忘れないでください。ここにヘルプページ全体を再現するつもりはないので（もっともおいしい部分だけを示します）、自分のコンピュータを使って話についてきてください。

まず、ヘルプページを開きます。RStudioでは、プロットと同じペインに表示されます（ただし、「Plots」タブではなく、「Help」タブです）。

```
?sample
```

何が表示されたでしょうか。最初から見ると、次のようになっています（日本語訳を添えました）。

```
Random Samples and Permutations
（ランダムなサンプリングと順列の作成）

Description（概要）
    sample takes a sample of the specified size from the elements of x using
either with or without replacement.
（sampleは、xの要素から指定されたサイズのサンプルを取り出します。
元に戻すサンプリングと元に戻さないサンプリングの両方をサポートします。）
```

ここまではよいでしょう。読者もすべて知っていることです。次の構文の部分には手がかりが含まれています。ここではprobという引数のことが触れられています。

```
Usage（構文）
    sample(x, size, replace = FALSE, prob = NULL)
```

引数のセクションまでスクロールダウンしてprobの説明を見ると、かなり期待が持てます。

```
A vector of probability weights for obtaining the elements of the vector being
sampled.
```
（サンプリング対象のベクトルから個々の要素が得られる確率を示すベクトル）

Details（詳細）セクションを読むと、期待は確信に変わります。ここでは、どのような値を指定すべきかまで説明されています。

```
The optional prob argument can be used to give a vector of weights for obtaining
the elements of the vector being sampled. They need not sum to one, but they
should be nonnegative and not all zero.
```
（オプションのprob引数を使うと、サンプリング対象のベクトルから個々の要素が得られる確率のベクトルを指定できます。要素の合計が1になる必要はありませんが、どの要素も非負で、すべてが0ではいけません）

ヘルプページはそこまで言っていませんが、ウェイトのベクトルはサンプリング対象のベクトルと要素ごとに対応付けられます。1番目のウェイトはサンプリング対象の最初の要素の確率であり、2番目のウェイトは、サンプリング対象の第2の要素の確率のように順次対応しています。このような対応付けは、Rでは一般的なやり方です。

さらに読んでみましょう。

```
If replace is true, Walker's alias method (Ripley, 1987) is used...
```
（replaceがtrueなら、Walkerの別名法（Ripley, 1987）…）

どうやら読んだふりをすべきときが来たようです。しかし、サイコロの出目の確率にウェイトをかけるために必要な知識は十分に得られたはずです。

練習問題

ウェイトのかかった2個のサイコロを振るようにroll関数を書き換えてください。

```
roll <- function() {
  die <- 1:6
  dice <- sample(die, size = 2, replace = TRUE)
  sum(dice)
}
```

rollの中のsample呼び出しにprob引数を追加する必要があります。probは、1から5までは確率1/8、6は確率3/8でサンプリングされるような指定にしてください。
完成したら、模範解答を見てください。

サイコロの出目にウェイトをかけるには、次のようにウェイトのベクトルを指定するprob引数を追加する必要があります。

```
roll <- function() {
  die <- 1:6
  dice <- sample(die, size = 2, replace = TRUE,
    prob = c(1/8, 1/8, 1/8, 1/8, 1/8, 3/8))
  sum(dice)
}
```

こうすると、rollは1から5までを確率1/8、6を確率3/8で出すようになります。

新しい関数をrollの前のバージョンに上書きしてください（上記のコードをコマンドラインで実行すれば上書きされます）。そして、自分の新しいサイコロの長期的な結果を可視化してみましょう。**図2-5**は、元の結果と新しいサイコロの結果を比較したものです。

```
rolls <- replicate(10000, roll())
qplot(rolls, binwidth = 1)
```

ここからも、実質的にサイコロにウェイトをかけたことが確認できます。低い数値よりも高い数値の方が明らかに頻繁に現れています。特に注目すべきは、長期的な頻度を解析しなければ、このふるまいが明らかにならないことです。一度振っただけでは、サイコロは無作為に目を出しているようにしか見えません。「カタンの開拓者たち」†をやるときには特に有利です（友達には、サイコロをなくしちゃって、と言えばよいのです）。しかし、データを分析すると、短期的には誰も気付くことなく簡単にバイアスが発生しうるということに衝撃を受けるでしょう。

† 訳者注：ドイツ生まれのボードゲーム。

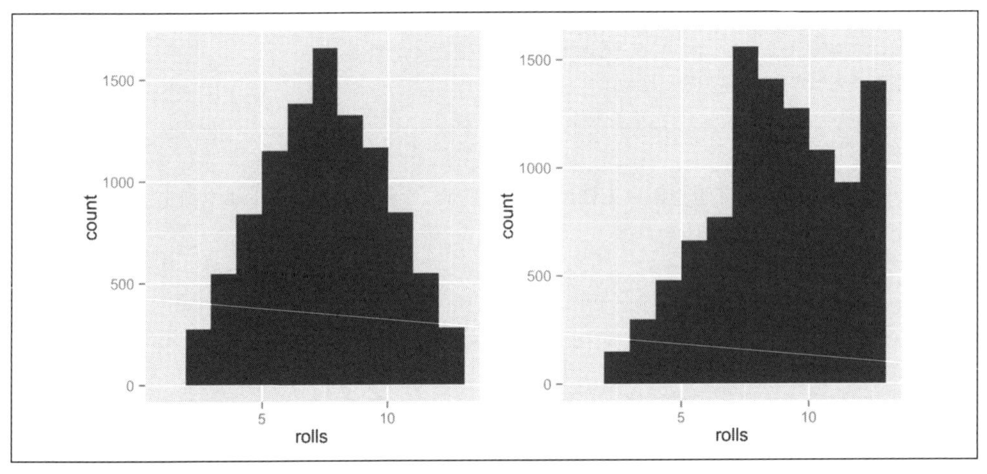

図2-5 大きな和の方が小さな和よりもはるかに多く発生しているので、大きな数を出しやすいようにサイコロにバイアスがかかっていることがはっきりとわかる。

2.2.2 さらにヘルプがほしいときに

Rには、非常に活発なユーザーコミュニティがあり、困ったときにはR helpメーリングリスト（http://bit.ly/r-help）の利用も考えるとよいでしょう。メーリングリストには質問をメールできますが、その質問はすでに答えられている可能性がかなりあります。アーカイブをまず検索してみましょう。日本では、RjpWiki（http://www.okadajp.org/RWiki/）がRに関する情報交換を行っています。

プログラマたちが質問に回答をすることができ、ユーザーがそれらの回答にランク付けを行うStack Overflow（https://stackoverflow.com/）[†]は、R helpよりもさらによいかもしれません。個人的に、私はStack Overflowの形式の方がR helpメーリングリストよりもユーザーフレンドリーだと思っています（そして、回答者も優しい人が多いと思います）。自分の質問を送ったり、Stack OverflowのR関連の質問ですでに答えられているものを検索したりするとよいでしょう。3万件以上のものがあります。

R-help、Stack Overflowのどちらでも、質問に再現可能なサンプルを添えると、より役に立つ回答が得られるはずです。実行するとバグや自分が考えている疑問点にぶつかるような短いコードをペーストしておくということです。

2.3 まとめ

Rのパッケージとヘルプページを活用すれば、プログラマとして仕事が捗るようになります。1章では、Rプログラマが特定の仕事をする独自関数を書けることを説明しましたが、自分が書きたいと思っているような関数は、すでに作られてRパッケージになっていることがよくあります。

† 監訳者注：日本語のスタック・オーバーフローのサイトは、https://ja.stackoverflow.com/

大学教授、プログラマ、科学者といった人々がすでに5000を超える公開パッケージを作っており、それを使えばプログラミングにかけられる貴重な時間を節約できます。パッケージは、一度だけinstall.packagesを呼び出してコンピュータにインストールし、あとは新しいRセッションを作るたびにlibraryでロードすれば使えます。

Rのヘルプページは、Rとそのパッケージに現れる関数をマスターするために役に立ちます。Rの関数とデータセットは、それぞれ専用のヘルプページがあります。ヘルプページには高度な内容が含まれていることがよくありますが、関数の使い方を学ぶために役に立つ貴重な手がかりやサンプルも含まれています。

これで、実践しながらRを学ぶために知っておかなければならないことを網羅しました。Rの学習には、実践しながら学ぶのがもっともいい方法です。ここまでで、独自のRコマンドの作成、Rコマンドの実行、まだこの本で説明されていない知識を手に入れなければならないときの手がかりの探し方を覚えました。次からの2つのプロジェクトについて読むときには、Rで自分自身のアイデアを試してみることを強くお勧めします。

2.4　プロジェクト1のまとめ

読者はこのプロジェクトで詐欺とギャンブルができるようになっただけにとどまらず、さらに進歩しました。Rという言語でコンピュータと話をするための方法を学んだのです。Rは英語、スペイン語、ドイツ語のような言語ですが、その違いは人ではなくコンピュータとのコミュニケーションに役立つことです。

読者は、R言語の名詞にあたるオブジェクトと出会いました。そして、関数は動詞のようだと思っていただけたのではないでしょうか（関数の引数は副詞と考えるとよいでしょう）。関数とオブジェクトを組み合わせると、思考を表現できます。そして、論理的な順序で思考をつなぎ合わせると、雄弁で、芸術的でさえある論述を作ることができます。その点では、Rもほかの言語と変わりはありません。

Rが英語、日本語などの自然言語と共有している特徴はまだあります。利用できるRコマンドという語彙を十分に蓄えないと、Rで気持ちよく話すことができないということです。しかし、遠慮する必要はありません。読者がRで話すのを「聞く」のは、自分のコンピュータだけです。自分のコンピュータは、あまり寛容ではありませんが、裁判官のようなものでもありません。コンピュータを恐れる必要はないのです。ここからこの本の最後までを読み通すまでの間に、身に付けているRの語彙は、大幅に増えているはずです。

Rを使えるようになったのですから、Rを駆使してデータサイエンスに取り組むエキスパートになりましょう。データサイエンスの基礎は、大量のデータを格納し、必要なときに値を呼び出せるようになることです。しかし、記憶によって頭の中にデータセットを格納するのは容易なことではありません。紙に書き出してデータセットを格納するのも容易ではありません。大量のデータを効率よく格納できるのは、コンピュータを使ったときだけです。実際、コンピュータは非常に優秀で、この30年間のコンピュータの発達により、私たちが蓄積できるデータのタイプや、データを分析するための方法はまったく別のものになってしまいました。つまり、コンピュータを使ったデータの保存により、科学に革命が起こり、それをデータサイエンスと呼ぶのです。

第Ⅱ部では、コンピュータのメモリにデータセットを格納するためにRをどのように使ったらよいか、格納されたデータをどのようにして取り出し、操作したらよいかを説明します。そして、読者にもこの革命の渦中に飛び込んでいただきましょう。

II部
プロジェクト2：トランプ

このプロジェクトは、これからの4つの章にまたがるもので、コンピュータのメモリの中にデータを格納する方法、格納されたデータを取り出し、変更する方法を説明します。これらのスキルが身につくと、エラーを起こさずにデータを保存、管理できるようになります。プロジェクトでは、シャッフル（きる）、ディール（配る）ができるトランプのデッキを作ります。何よりも、このデッキは、本物と同じように、どのカードが配られたのかを覚えています。このデッキを使えば、カードゲームで遊んだり、占いをしたり、数え方の学習をカードを使ってテストしたりすることができます。

プロジェクトを作っていく過程で、次のことを学びます。

- 文字列、論理値などの新しいデータ型の保存方法
- データセットをベクトル、行列、配列、リスト、データフレームとして保存するための方法
- 独自データセットのロード、保存の方法
- データセットから個々の値を抽出するための方法
- データセット内の個別の値の変更方法
- 論理テストの書き方
- Rで欠損値を表すNAの使い方

単純に保つために、プロジェクトは4つの課題に分割してあります。個々の課題では、Rを使ったデータ管理の新しいスキルを学びます。

課題1：デッキの構築

3章では、トランプの仮想デッキを設計、構築します。これはデータサイエンティストとして

自分が使うことになるものと同様の完全なデータセットです。この課題を実現するためには、Rのデータ型、データ構造の使い方の知識が必要です。

課題2：トランプをディール、シャッフルする関数の開発

次に、4章では、デッキとともに使う2つの関数を書きます。1つは、デッキのカードをディールするためのもので、もう1つは、デッキをシャッフルするためのものです。これらの関数を書くためには、Rを使ってデータセットから値を抽出する方法の知識が必要です。

課題3：ゲームに合わせたポイントシステムの変更

5章では、Rの記法を活用して、プレイしたいカードゲーム（戦争、ハーツ、ブラックジャックなど）に合わせてカードのポイントを変更します。既存のデータセットの値をその場で変更したいときにここで覚えたことが役に立ちます。

課題4：デッキの状態の管理

最後に、6章では、デッキが配布済みのカードを管理できるようにします。これは高度な課題であり、Rの環境システム、スコープルールが必要になります。この仕事を成功させるためには、Rがコンピュータに格納されたデータをどのようにルックアップ（参照）して利用するかについて非常に細かいところまで熟知している必要があります。

3章
Rのオブジェクト

この章では、Rを使って52枚のトランプカードのデッキを組み立てます。

まず、トランプカードを表現する簡単なオブジェクトを構築してから、本格的なデータテーブルに進みます。一言で言えば、Excelスプレッドシートと同等のものを0から作ります。完成すると、カードデッキは次のようなものになります。

```
  face   suit value
  king spades    13
 queen spades    12
  jack spades    11
   ten spades    10
  nine spades     9
 eight spades     8
...
```

Rでデータセットを作るためには、0からデータセットを作り上げていかなければならないのでしょうか。いいえ、そんなことはありません。ほとんどのデータセットは、1ステップでRにロードできます。「**3.9　データのロード**」を参照してください。しかし、この課題を行うと、Rがどのようにデータを格納するのか、また独自データセットをどのように組み立てたり解体したりすればよいのかがわかります。また、Rで使えるさまざまなオブジェクトの型について学ぶこともできます（すべてのRオブジェクトが同じだというわけではありません）。この課題は通過儀礼のようなものだと考えてください。この課題に取り組み、解決することによって、Rのデータ格納のエキスパートになれるのです。

最初はごく基本的なことから始めます。Rでもっとも簡単なオブジェクトは**アトミックベクトル**です。アトミックベクトルは原子力とは関係なく、ごく単純であらゆるところに顔を出します。さらに、細かく見ていくと、Rのほとんどのデータ構造は、アトミックベクトルから組み立てられていることがわかります。

3.1 アトミックベクトル

アトミックベクトルは、単純なデータのベクトルです。実際、読者はすでにアトミックベクトルを作っています。第I部のdieオブジェクトがそうだったのです。アトミックベクトルは、cを使っていくつかのデータをグループにまとめて作ります。

```
die <- c(1, 2, 3, 4, 5, 6)
die
## 1 2 3 4 5 6

is.vector(die) ❶
## TRUE
```

❶ is.vectorは、オブジェクトがアトミックベクトルかどうかをテストします。オブジェクトがアトミックベクトルであればTRUE、そうでなければFALSEを返します。

アトミックベクトルは、1個の値から作ることもできます。Rは1個の値を長さ1のアトミックベクトルとして保存します。

```
five <- 5
five
## 5

is.vector(five)
## TRUE

length(five)
## 1
length(die)
## 6
```

length

lengthは、アトミックベクトルの長さを返します。

個々のアトミックベクトルは、1次元ベクトルとして値を格納します。そして、アトミックベクトルは1つの同じ型のデータしか格納できません。Rで異なる型のデータを保存するには、異なる型のアトミックベクトルを使います。Rは、**double（倍精度浮動小数点数）**、**integer（整数）**、**character（文字）**、**logical（論理値）**、**complex（複素数）**、**raw（バイナリ）**の全部で6種類の基本データ型を認識します。

カードデッキを作るには、異なる型の情報（テキストと数値）を保存するために異なる型のアトミックベクトルを使う必要があります。データを入力するときに、ある単純な慣習に従えば、型を簡単に使い分けられます。たとえば、入力に大文字のLを含めれば、整数ベクトルを作れます。入力をクォートで囲めば、文字ベクトルを作れます。

```
int <- 1L
text <- "ace"
```

それぞれの型のアトミックベクトルは、以下で説明するように、特別な慣習的記法があります。Rはこの慣習を認識し、認識結果を使って適切な型のアトミックベクトルを作ります。複数の要素を持つアトミックベクトルを作りたい場合には、2章で紹介したc関数で要素を結合します。そして、慣習的記法を使って個々の要素の型を区別します。

```
int <- c(1L, 5L)
text <- c("ace", "hearts")
```

Rが複数の型のベクトルを使うのはなぜでしょうか。型は、ユーザーの予想通りにRを動作させるために役に立ちます。たとえば、数値を格納するアトミックベクトルなら算術演算を行いますが、文字列を格納するアトミックベクトルなら算術演算を行いません。

```
sum(int)
## 6

sum(text)
## 以下にエラー sum(text) : 引数 'type' (character) が不正です
```

ちょっと話を先回りし過ぎたようです。それでは、Rのアトミックベクトルが持つ6つの型を1つずつ見ていくことにしましょう。

3.1.1 倍精度浮動小数点数

倍精度浮動小数点数ベクトルは、通常の数値を格納します。正でも負でも、大きな数でも小さな数でもかまいませんし、小数点以下の桁があってもなくてもかまいません。一般に、Rはユーザーが入力した数値を倍精度浮動小数点数として保存します。たとえば第I部で作ったサイコロは、倍精度浮動小数点数オブジェクトです。

```
die <- c(1, 2, 3, 4, 5, 6)
die
## 1 2 3 4 5 6
```

通常、自分がRで操作しているオブジェクトがどの型なのかは自分で理解しているとは思いますが（当然ですね）、typeofを使えばオブジェクトの型が何なのかをRに問い合わせることもできます。

```
typeof(die)
## "double"
```

一部のR関数は倍精度浮動小数点数を「数値（numeric）」と呼んでおり、私もこれからたびたびこの用語を使います。「倍精度浮動小数点数」はコンピュータ科学の用語です。この用語は、コンピュータが数値を格納するために使っている特定のバイト数を意味していますが、私は、データサイエンスでは「数値」という用語の方がはるかに直感的であると思っています。

3.1.2 整数

整数ベクトルは整数、すなわち小数部のない形で書ける数値のことです。整数は倍精度浮動小数点数オブジェクトとしても保存できるので、データサイエンティストは整数型をあまり頻繁に使う必要はありません。

Rでは、数値の後ろに大文字のLを続けると、整数を作ることができます。たとえば、次のようにします。

```
int <- c(-1L, 2L, 4L)
int
## -1 2 4

typeof(int)
## "integer"
```

Rでは、Lを付けなければ数値が整数として保存されないことに注意します。Lの付いていない整数は、倍精度浮動小数点数として保存されます。4と4Lの違いは、Rがコンピュータのメモリにこの数値をどのように保存するかだけです。整数は、倍精度浮動小数点数よりもメモリ内で厳密に定義されています（非常に大きい場合を除きます）。

倍精度浮動小数点数ではなく、整数でデータを保存したいと思う場合があるでしょうか。数値の計算では、精度の違いが驚くような効果を生むことがあります。コンピュータは、Rプログラムの個々の倍精度浮動小数点数に64ビットのメモリを与えます。64ビットとは、64個の1または0の並びということです。たとえば、πは、小数点以下の桁が無限に続きます。そのため、コンピュータは、メモリにπを格納するために、πに非常に近いが、厳密には等しくない値に丸めなければなりません。多くの10進表記の数は同じような運命をたどります。

その結果、倍精度浮動小数点数が厳密に正しいのは、有効桁数16桁くらいまででしかありません。この誤差がエラーを引き起こすことがあります。ほとんどの場合、丸め誤差は気が付かない程度で済みますが、丸め誤差によって驚くような結果になることがときどきあります。たとえば、次の式は0になるはずですが、実際にはそうなりません。

```
sqrt(2)^2 - 2
## 4.440892e-16
```

2の平方根は、16桁では正確に表現できません。そのため、Rはこの値を丸めます。そのため、この式の結果は0に非常に近いものの0そのものではない値になります。

この誤差を**浮動小数点誤差**、このような条件での算術演算を**浮動小数点演算**と呼びます。浮動小数点演算はRの特徴ではなく、コンピュータプログラミング全般の問題です。通常、浮動小数点誤差で一日を台無しにするのはばかばかしいことです。浮動小数点誤差によって意外な結果が起きることがあることを頭に入れておきましょう。

浮動小数点誤差は、小数を使わず、整数だけを使うようにすれば防げます。しかし、データサイエンスでは、ほとんどの場面でそのような選択肢は考えられません。結果を表現するために整数以外の数値が必要なのに、整数で大した演算ができるわけがありません。幸い、浮動小数点演算による誤差は、通常大きなものではありません（そうでない場合には、簡単に見つけられます）。そこで、データサイエンティストは、一般に整数ではなく倍精度浮動小数点数を使います。

3.1.3 文字

文字ベクトルは、短いテキストを格納します。Rでは、クォートで囲まれた文字または文字列を入力すると、文字ベクトルを作ることができます。

```
text <- c("Hello", "World")
text
## "Hello" "World"

typeof(text)
## "character"

typeof("Hello")
## "character"
```

文字ベクトルの個々の要素は、**文字列**と呼ばれます。文字列は複数の文字を含むことができることに注意しましょう。文字列は、数字や記号からも作ることができます。

練習問題

文字列と数値の違いを見分けられますか？ テストをしてみましょう。1、"1"、"one"の中で、文字列はどれで数値はどれでしょうか。

"1"と"one"はともに文字列です。文字列には数字を使うことができますが、数字を使っているからといって数値になるわけではありません。たまたま数字が含まれている文字列に過ぎないのです。文字列と数値は、文字列ならクォートで囲まれているということから区別できます。実際、Rでは、クォートで囲まれているものは、どのように見えても何であっても文字列として扱われます。

Rオブジェクトは文字列と見間違えられることがあります。なぜかというと、どちらもRコードではテキストとして表現されるからです。たとえば、xは「x」という名前のRオブジェクトですが、"x"は「x」という文字を含む文字列です。片方は生のデータを格納するオブジェクトであり、もう片方は生のデータそのものなのです。

文字列にクォートを忘れたらエラーが起きると思ってください。Rは、おそらく存在しないオブジェクトを探すところから処理を始めます。

3.1.4 論理値

論理ベクトルは、Rにおける論理値、TRUEとFALSEを格納します。論理値は、比較などをするときにとても役に立ちます。

```
3 > 4
## FALSE
```

大文字でTRUEまたはFALSEと入力すると（クォートなしで）、Rはその入力を論理データとして扱います。また、RはTとFをTRUE、FALSEの省略形と見なします。

```
logic <- c(TRUE, FALSE, TRUE)
logic
## TRUE FALSE TRUE

typeof(logic)
## "logical"

typeof(F)
## "logical"
```

3.1.5 複素数とraw

Rのアトミックベクトルの型としてもっとも多いのは倍精度浮動小数点数、整数、文字、論理値ですが、Rはこれら以外に複素数とrawの2つの型も認識します。データの分析を行う際にこれらの型を使うことがあるかどうかはきわめて疑問ですが、完璧を期するために簡単に説明しておきます。

複素数ベクトルは、複素数を格納します。複素数ベクトルを作るには、数値にiを付けた虚数項を追加します。

```
comp <- c(1 + 1i, 1 + 2i, 1 + 3i)
comp
## 1+1i 1+2i 1+3i

typeof(comp)
## "complex"
```

raw ベクトルは、手が加えられていないデータバイトを格納します。raw ベクトルの作り方はかなり複雑ですが、長さ *n* の空の raw ベクトルは `raw(n)` で作ります。この型のデータを扱うときには、`raw` のヘルプページでその他のオプションを確認するようにしてください。

```
raw(3)
## 00 00 00

typeof(raw(3))
## "raw"
```

練習問題

ロイヤルストレートフラッシュとなるカードのフェイス名だけを格納するアトミックベクトルを作ってみましょう。たとえば、スペードのエース、スペードのキング、スペードのクイーン、スペードのジャック、スペードの 10 です。スペードのエースのフェイス名は「ace」とし、「spades」はスートとします。

名前を保存するために、どの型のベクトルを使いますか?

カードの名前を保存するアトミックベクトルの型としてもっとも適切なのは文字です。個々の名前をクォートで囲めば、`c` 関数でフェイス名のベクトルを作れます。

```
hand <- c("ace", "king", "queen", "jack", "ten")
hand
## "ace" "king" "queen" "jack" "ten"

typeof(hand)
## "character"
```

こうすれば、1 次元のカード名のグループを作れます。すばらしい。今度は、フェイス名とスートの 2 次元テーブルというより高度なデータ構造を作ってみましょう。属性を指定し、クラスに割り当てれば、アトミックベクトルから高度なオブジェクトを作ることができます。

3.2 属性

属性とは、アトミックベクトル(つまり任意の R オブジェクト)に追加できる情報のことです。属性はオブジェクト内の値に影響を及ぼすことはなく、オブジェクトを表示しても表示されません。属性は「メタデータ」と考えることができます。つまり、オブジェクトに付随する情報を置いておける便利な場所です。R は、通常このメタデータを無視しますが、一部の R 関数は特定の属性をチェックします。そのような関数は、属性を使ってデータに特別な処理を加えます。

`attributes` を使えば、オブジェクトがどのような属性を持っているかがわかります。オブジェクトが属性を持っていなければ、attributesはNULLを返します。dieのようなアトミックベクトルは、ユーザーが属性を指定しない限り、勝手に属性を持つことはありません。

```
attributes(die)
## NULL
```

NULL

Rでは、NULLを使って空集合や空オブジェクトを表現します。NULLは、値が定義されていない関数からよく返されます。大文字でNULLと書けば、NULLオブジェクトを作ることができます。

3.2.1 名前

アトミックベクトルに与えられる属性でもっとも一般的なものは、名前、次元（dim）、クラスです。これらの属性は、どれもオブジェクトに属性を与えるための専用ヘルパー関数を持っています。ヘルパー関数を使えば、すでに属性を持っているオブジェクトの属性値をルックアップ（参照）することもできます。たとえば、namesを使えば、dieの名前属性をルックアップできます。

```
names(die)
## NULL
```

NULLは、dieが名前属性を持っていないという意味です。namesの出力に文字ベクトルを割り当てれば、dieに名前属性を与えることができます。

```
names(die) <- c("one", "two", "three", "four", "five", "six")
```

これでdieは名前属性を持つようになります。

```
names(die)
## "one"   "two"   "three" "four"  "five"  "six"

attributes(die)
## $names
## "one"   "two"   "three" "four"  "five"  "six"
```

Rは、dieを表示するたびに、dieの要素の上に名前を表示します。

```
die
##  one   two three  four  five   six
##    1     2     3     4     5     6
```

しかし、名前はベクトルの実際の値に影響を与えませんし、ベクトルの値を操作したときに名前が影響を受けることもありません。

```
die + 1
##  one   two three  four  five   six
##    2     3     4     5     6     7
```

names を使って名前属性を変更したり、名前属性を取り除いたりすることもできます。名前を変更するには、names に新しい名前を割り当てます。

```
names(die) <- c("uno", "dos", "tres", "cuatro", "cinco", "seis")
die
##    uno    dos   tres cuatro  cinco   seis
##      1      2      3      4      5      6
```

名前属性を取り除くには、NULL を割り当てます。

```
names(die) <- NULL
die
## 1 2 3 4 5 6
```

3.2.2 次元

dim で次元属性を与えれば、アトミックベクトルを n 次元配列に変換できます。そのためには、dim 属性に長さ n の数値ベクトルを割り当てます。すると、R はベクトルの要素を n 次元に再構成します。各次元は、dim ベクトルの n 番目の値と同じ行数を持ちます。たとえば、die は、次のようにすれば 2 × 3 行列（2 行 3 列）に再構成できます。

```
dim(die) <- c(2, 3)
die
##      [,1] [,2] [,3]
## [1,]    1    3    5
## [2,]    2    4    6
```

次のようにすれば、3 × 2 行列（3 行 2 列）になります。

```
dim(die) <- c(3, 2)
die
##      [,1] [,2]
## [1,]    1    4
## [2,]    2    5
## [3,]    3    6
```

1 × 2 × 3 の 3 次元配列（1 行 2 列 3「スライス」）にもなります。これは 3 次元構造ですが、2 次元のコンピュータ画面には、スライスごとにその内容が表示されます。

```
dim(die) <- c(1, 2, 3)
die
## , , 1
##
##      [,1] [,2]
## [1,]    1    2
##
## , , 2
##
##      [,1] [,2]
## [1,]    3    4
##
## , , 3
##
##      [,1] [,2]
## [1,]    5    6
```

Rは常にdimに渡された最初の値を行数、第2の値を列数として使います。一般に、行と列の両方を処理するRの操作では、行がかならず先になります。

Rが値を行と列に再構成するときの方法に関してはあまり小回りがききません。たとえば、Rは行ごとにではなく、列ごとに値を並べていきます。この再構成を細かく制御したいのであれば、matrix、arrayというRのヘルパー関数を使います。2つの関数は、dim属性の変更ということでは同じ処理をしますが、再構成をカスタマイズするための追加の引数を持っています。

3.3 行列

行列は、線形代数の行列と同じように、2次元配列に値を格納します。行列を作るには、matrix関数に行列に再構成するアトミックベクトルを渡し、さらにnrow引数に数値を渡して行列の行数を定義します。すると、matrixは、指定された行数の行列になるようにベクトルを再構成します。nrowではなくncolを指定すると、行列の列数を指定できます。

```
m <- matrix(die, nrow = 2)
m
##      [,1] [,2] [,3]
## [1,]    1    3    5
## [2,]    2    4    6
```

matrixは、デフォルトでは列ごとに値を並べていきますが、byrow = TRUE引数を指定すると、行ごとに値を並べることができます。

```
m <- matrix(die, nrow = 2, byrow = TRUE)
m
##      [,1] [,2] [,3]
## [1,]    1    2    3
## [2,]    4    5    6
```

matrixには、行列をカスタマイズできるデフォルト引数がほかにもあります。それらについてはmatrixのヘルプページを読んでください（?matrixで表示できます）。

3.4 配列

array関数は、*n*次元配列を作ります。たとえば、arrayを使えば、3次元配列、あるいは4、5、*n*次元配列に値を再構成できます。arrayはmatrixほどカスタマイズ性に富んでいるわけではないので、基本的にdim属性を設定するのと同じことしかしません。arrayは、第1引数としてアトミックベクトル、第2引数として次元を示すベクトル（dimという名前です）を指定して呼び出します。

```
ar <- array(c(11:14, 21:24, 31:34), dim = c(2, 2, 3))
ar
## , , 1
##
##      [,1] [,2]
## [1,]   11   13
## [2,]   12   14
##
## , , 2
##
##      [,1] [,2]
## [1,]   21   23
## [2,]   22   24
##
## , , 3
##
##      [,1] [,2]
## [1,]   31   33
## [2,]   32   34
```

練習問題

ロイヤルストレートフラッシュに含まれるすべてのカードのフェイス名とスートを格納する次のような行列を作ってください。

```
##      [,1]    [,2]
## [1,] "ace"   "spades"
## [2,] "king"  "spades"
## [3,] "queen" "spades"
## [4,] "jack"  "spades"
## [5,] "ten"   "spades"
```

この行列を作る方法は複数ありますが、どの場合でも、まず最初に10個の値を持つ文字ベクトルを作ります。次の文字ベクトルからスタートする場合には、その下に示してある3種類のコマンドのどれを使っても、求められている行列を作ることができます。

```
hand1 <- c("ace", "king", "queen", "jack", "ten", "spades", "spades",
  "spades", "spades", "spades")

matrix(hand1, nrow = 5)
matrix(hand1, ncol = 2)
dim(hand1) <- c(5, 2)
```

カードを少し異なる順序で並べている文字ベクトルからスタートすることもできます。この場合は、列ごとではなく、行ごとに行列に値を並べていくようにRに指示しなければなりません。

```
hand2 <- c("ace", "spades", "king", "spades", "queen", "spades", "jack",
  "spades", "ten", "spades")

matrix(hand2, nrow = 5, byrow = TRUE)
matrix(hand2, ncol = 2, byrow = TRUE)
```

3.5 クラス

オブジェクトの次元を変えても、オブジェクトの型は変わりませんが、オブジェクトのclass属性は変わります。

```
dim(die) <- c(2, 3)
typeof(die)
## "double"

class(die)
## "matrix"
```

クラスは、アトミックベクトルの特殊形です。たとえば、die行列は倍精度浮動小数点数ベクトルの特殊形です。行列のすべての要素は依然として倍精度浮動小数点数ですが、要素は新しい構造に構成されています。ユーザーがdieの次元を変えたときに、Rはdieにclass属性を追加しています。このクラスはdieの新しい形式を記述しています。多くのR関数は、オブジェクトのclass属性を検索し、属性に基づいてあらかじめ決められた方法でオブジェクトを処理します。

オブジェクトのclass属性は、attributesを実行してもかならずしも表示されません。classを使ってピンポイントでclass属性をチェックする必要があります。

```
attributes(die)
## $dim
## [1] 2 3
```

class属性を持たないオブジェクトに対してclassを実行することもできます。classはオブジェクトのアトミック型に基づいて値を返します。倍精度浮動小数点数のクラスはnumeric（数値）になることに注意します。これは奇妙な不一致ですが、私にとっては好都合です。私は倍精度浮動小数点数ベクトルのもっとも重要な性質は数値を格納していることだと思いますが、numericという表現を使えばそれがはっきりとわかります。

```
class("Hello")
## "character"

class(5)
## "numeric"
```

classを使えば、オブジェクトのclass属性も設定できますが、これはあまりよい考え方とは言えません。Rは、クラスのオブジェクトであれば、属性などの何らかの特徴を共有するものと想定しています。自分のオブジェクトはそれを持っていないかもしれません。独自クラスの作り方、使い方については、第Ⅲ部で詳しく説明します。

3.5.1 日付と時刻

Rは、属性システムのおかげで、倍精度浮動小数点数、整数、文字、論理値、複素数、raw以外のデータ型を表現できます。たとえば、Rは日付と時刻を表現するために特別なクラスを使っています。Sys.time()を実行すればこのクラスを見ることができます。Sys.time()は、コンピュータが管理している現在の時刻を返します。この時刻情報は、表示したときには文字列のように見えますが、データ型は実際には"double"であり、そのクラスは"POSIXct" "POSIXt"です（2つのクラスを持っています）。

```
now <- Sys.time()
now
## "2014-03-17 12:00:00 UTC"

typeof(now)
## "double"

class(now)
## "POSIXct" "POSIXt"
```

POSIXctは、日付と時刻を表現するために広く使われているフレームワークです。POSIXctフレームワークでは、個々の時刻は、1970年1月1日午前0時（UTC）からの秒数で表現されます。たとえば、上記の時刻は、起点から数えて1,395,057,600秒後です。そこで、POSIXctシステムでは、この時刻は1395057600という値で保存されます。

Rは、1395057600という1個の要素だけを持つ倍精度浮動小数点数ベクトルを作ってそれをtimeオブジェクトとします。このベクトルは、nowのclass属性を取り除くか、unclass関数を使えば（クラス属性を取り除く処理をします）見ることができます。

```
unclass(now)
## 1395057600
```

Rは、倍精度浮動小数点数ベクトルを作ると、それに"POSIXct"と"POSIXt"の2つのクラスを含むclass属性を与えます。この属性は、R関数に対して、扱っているものがPOSIXct時刻だということを警告し、R関数はオブジェクトを特別な形で扱います。たとえば、R関数は、POSIXct標準を使ってユーザーが読みやすい文字列に時刻を変換してから表示します。

このシステムは、RオブジェクトにPOSIXctクラスを与えれば利用できます。たとえば、1970年1月1日午前0時から100万秒後はいつなのかを調べてみましょう。

```
mil <- 1000000
mil
## 1e+06

class(mil) <- c("POSIXct", "POSIXt")
mil
## "1970-01-12 13:46:40 UTC"
```

1970年1月1日午前0時から100万秒後は1970年1月12日だそうです。100万秒は思ったより早く過ぎてしまうようです。この変換がうまくいくのは、POSIXctクラスがほかの属性に依存しないからです。一般に、オブジェクトにクラスを強制するのは避けた方がよいでしょう。

Rとそのパッケージにはさまざまなクラスが含まれており、毎日新しいクラスが作られています。すべてのクラスについて学ぶのは難しいでしょうが、そんなことをする必要はありません。ほとんどのクラスは、限定された状況のもとで役に立つだけです。各クラスには専用のヘルプページが付属しているので、クラスについて学習するのは、何か学ばなければならないクラスに遭遇するときまで先延ばしにすることができます。しかし、Rで非常によく登場するデータクラスで、アトミックデータ型といっしょに学んでおくべきクラスが1つあります。それはファクタ（factor）と呼ばれるものです。

3.5.2 ファクタ

ファクタは、Rで民族や目の色のようなカテゴリ情報を格納するための手段です。ファクタは、性別のようなものだと考えることができるでしょう。特定の値（男または女）しか持つことができず、これらの値は独特の順序を持っています（レディファースト）。このような性質から、ファクタは学習の扱う水準、その他のカテゴリ変数を記録するために非常に役に立ちます。

ファクタを作るには、factor関数にアトミックベクトルを渡します。Rは、ベクトルに含まれているデータを整数として改めて符号化し、整数ベクトルにその結果を格納します。さらに、Rは整数にファクタの値を表示するときに使われる一連のラベルを格納するlevels属性とfactorクラスを格納するclass属性を整数に追加します。

```
gender <- factor(c("male", "female", "female", "male"))

typeof(gender)
## "integer"

attributes(gender)
## $levels
## [1] "female" "male"
##
## $class
## [1] "factor"
```

unclassを使えば、Rがファクタをどのように格納しているかが正確にわかります。

```
unclass(gender)
## [1] 2 1 1 2
## attr(,"levels")
## [1] "female" "male"
```

ここからもわかるように、Rは、levels属性を使ってファクタを表示します。Rは、1をfemale（levelsベクトルの最初のラベル）、2をmale（levels属性の第2のラベル）と表示します。ファクタに3が含まれている場合には、第3のレベルが表示されます。

```
gender
## male   female female male
## Levels: female male
```

ファクタを使えば、変数がすでに数値にコード化されているため、カテゴリ変数を統計モデルに導入するのが簡単になります。しかし、ファクタは文字列のように見えるのに整数のようにふるまうため、紛らわしくなることがあります。

Rは、データをロード、作成するときに、よく文字列をファクタに変換しようとします。一般に、自分から要求するまでRにファクタ化を許さない方が、スムーズに仕事を進められます。その方法は、データの読み込みを始めるときに説明します。

ファクタは、as.character関数で文字列に変換できます。こうすると、整数ではなく、ファクタの表示バージョンを残せます。

```
as.character(gender)
## "male" "female" "female" "male"
```

Rのアトミックベクトルの可能性が理解できたので、今までよりも複雑なトランプを作ってみましょう。

練習問題

多くのカードゲームは、個々のカードに数値を割り当てています。たとえば、ブラックジャックでは、フェイスカードはすべて10点、番号カードは2から10、エースは、最終的なスコア次第で1点か11点になります。

エース、ハート、1をベクトルに結合して仮想トランプを作ってください。どのような型のアトミックベクトルを使うことになりましたか？ 自分の答えが正しいかどうかをチェックしてください。

この練習問題はうまくいかないと思われたかもしれません。アトミックベクトルが格納できるのは同じ型のデータだけです。そこで、Rはすべての値を文字列に型強制します。

```
card <- c("ace", "hearts", 1)
card
## "ace"    "hearts" "1"
```

しかし、こうすると、たとえばブラックジャックで勝者になったのは誰かを調べるために、点数の計算をしたいときに困ります。

ベクトルのデータ型

ベクトルに複数の型のデータを格納しようとすると、Rは要素を同じデータ型に変換します。

行列と配列はアトミックベクトルの特殊形なので、アトミックベクトルのふるまいの影響を受けます。行列、配列には、同じ型のデータしか格納できません。

この制限は、2つの問題を生み出します。まず第一に、多くのデータセットは複数の型のデータを含んでいます。ExcelやNumbers†のような単純なプログラムでも、同じデータセットに複数の型のデータを保存できるようになっているくらいなので、Rにもそうしてほしいところでしょう。心配はいりません。Rでも可能です。

第二に、型強制はRでは非常によく起きるので、その仕組みをしっかりと理解しておきたいところです。

3.6 型強制

Rの型強制のふるまいは不便に感じるかもしれませんが、でたらめな変換をするわけではありません。Rはデータ型を型強制するときには、いつも同じ規則に従います。この規則に慣れてしまえば、Rの型強制のふるまいを驚くほど便利に活用できます。

では、Rはどのようにデータ型の型強制を行うのでしょうか。まず、アトミックベクトルに文字列が含まれている場合には、ベクトル内のほかのすべての要素が文字列に変換されます。ベクトル

† 訳注：アップル社が提供する表計算ソフトウェア。

に論理値と数値しか含まれていない場合には、論理値が数値に変換されます。**図 3-1** に示すように、すべての TRUE は 1、FALSE は 0 になります。

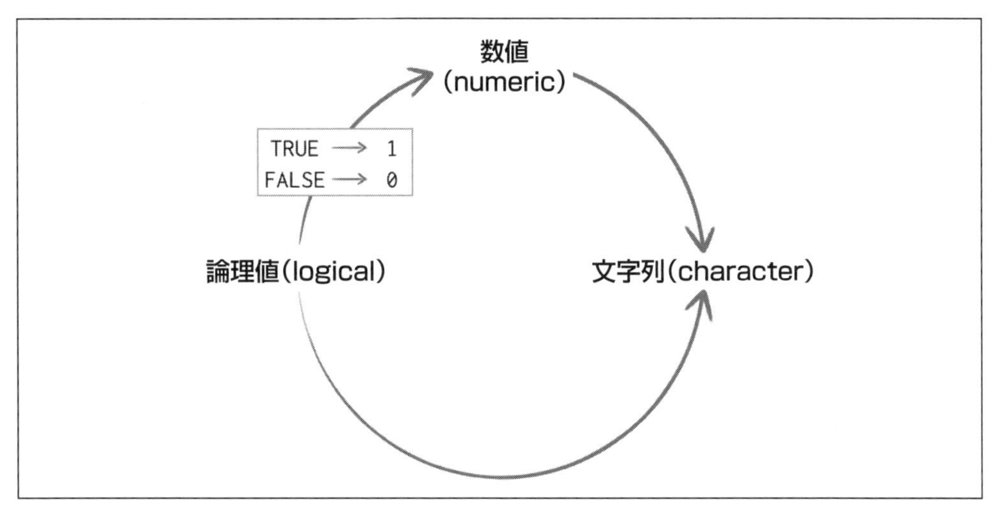

図3-1　Rは、データを同じ型に型強制するときにいつも同じ規則に従う。文字列があるときには、すべての要素が文字列に変換される。そうでなければ、論理値は数値に変換される。

この変換方法は、情報を失いません。文字列を除けば、変換前にどのような情報が格納されていたのかはすぐにわかります。たとえば、"TRUE" と "5" がもともと何だったのかは簡単にわかります。また、1 と 0 のベクトルを TRUE と FALSE に戻すのも簡単です。

R は論理値を使って計算をしようとしたときにも、同じルールで型強制をします。そこで、次のコードは、

```
sum(c(TRUE, TRUE, FALSE, FALSE))
```

次のようになります。

```
sum(c(1, 1, 0, 0))
## 2
```

つまり、sum に論理ベクトルを渡すと、TRUE の数が計算されます（mean は TRUE の割合を計算します）。スッキリしていますよね。

as 関数を使えば、明示的にデータをほかの型に変換するように指示することができます。R は、まともな変換方法があれば、データをその通りに変換します。

```
as.character(1)
## "1"
```

```
as.logical(1)
## TRUE

as.numeric(FALSE)
## 0
```

これでRがデータ型を型強制する仕組みはわかりましたが、それがわかってもトランプの保存には役に立ちません。役に立つようにするには、型強制を避けなければならないのです。これは**リスト**と呼ばれる新しいタイプのオブジェクトを使えば実現できます。

しかし、リストの説明の前に、読者の頭の中にずっと残っているかもしれない疑問に答えておきましょう。

多くのデータセットには、複数のタイプの情報が含まれています。ベクトル、行列、配列に複数のデータ型を格納できないのは、大きな制限なのではないでしょうか。そんな制限があるのにわざわざこれらを使う理由があるのでしょうか。

同じ型のデータだけを使うことが非常に有利な場合があります。ベクトル、行列、配列が使われていれば、Rは個々の値を同じように操作してよいことを知っているので、たとえば大量の数値の算術演算を簡単に実行することができます。また、オブジェクトをメモリに格納するのが簡単なので、ベクトル、行列、配列の操作は高速に実行できる場合が多くなります。

同じ型のデータしか認められないことが有利となる別な場合もあります。ベクトルは、変数を非常にうまく格納できるので、Rでもっともよく使われているデータ構造です。変数内の個々の値を同じ基準で評価できるため、異なる型のデータを使う必要がないのです。

3.7 リスト

リストは、データを1次元のグループにデータをまとめるという点で、アトミックベクトルに似ています。しかし、リストは個々の値をグループにまとめるわけではありません。アトミックベクトルやほかのリストなどのRオブジェクトをグループにするのです。たとえば、第1要素として長さ31の数値ベクトル、第2要素として長さ1の文字ベクトル、第3要素として長さ2の新しいリストをまとめるリストを作ることができます。実際には、list関数を使います。

listは、cがベクトルを作るのと同じようにリストを作ります。リストの個々の要素は、カンマで区切ります。

```
list1 <- list(100:130, "R", list(TRUE, FALSE))
list1
## [[1]]
##  [1] 100 101 102 103 104 105 106 107 108 109 110 111 112
## [14] 113 114 115 116 117 118 119 120 121 122 123 124 125
## [27] 126 127 128 129 130
##
## [[2]]
## [1] "R"
##
```

```
## [[3]]
## [[3]][[1]]
## [1] TRUE
##
## [[3]][[2]]
## [1] FALSE
```

ここでは、出力の [1] 記法をわざと残していますが、それはリストではこれがどのように変わるかを示すためです。角カッコが二重になっている添字は、リストのどの要素を表示しようとしているのかを示します。たとえば、100 は、リストの第 1 要素の第 1 サブ要素です。"R" は、第 2 要素の第 1 サブ要素です。このような 2 段階記法が使われているのは、新しいベクトル（またはリスト）のようにそれ自身でも添字を持つオブジェクトを含む**任意の** R オブジェクトがリストの要素になれるからです。

R では、リストはアトミックベクトルに匹敵する基本型のオブジェクトです。リストは、アトミックベクトルと同様に、はるかに複雑な型の R オブジェクトを作るための部品として使われます。

ご想像の通り、リストの構造はきわめて複雑になり得ますが、そのような柔軟性があるからこそ、R ではリストが汎用の便利なストレージとなっています。

しかし、すべてのリストが複雑だとは限りません。トランプは非常に単純なリストに格納できます。

練習問題

リストを使って、値 1 を持つハートのエースのような単一のトランプカードを格納してください。リストはカードのフェイス名と別要素のポイント値を持っていなければなりません。

カードは、次のようにすれば作れます。次のサンプルでは、リストの第 1 要素は文字ベクトル（長さ 1）、第 2 要素も文字ベクトルで、第 3 要素は数値ベクトルです。

```
card <- list("ace", "hearts", 1)
card
## [[1]]
## [1] "ace"
##
## [[2]]
## [1] "hearts"
##
## [[3]]
## [1] 1
```

リストを使えば、トランプのデッキ全体を格納することもできます。1枚のカードをリストとして保存できるので、トランプのデッキ全体は、52個のサブリスト（1個が1枚のカード）を持つリストとして保存することができます。しかし、そんな方法をわざわざするには及びません。これよりもはるかにクリーンな方法で同じことを実現できます。データフレームと呼ばれるリストの特別なクラスを使えばよいのです。

3.8 データフレーム

データフレームは、リストの2次元バージョンです。データフレームは、データ分析のためには群を抜いてもっとも便利なストレージ構造で、トランプのデッキ全体を格納するためにも理想的な手段となっています。データフレームは、R版のExcelスプレッドシートと考えることができます。実際、Excelと同じような形式でカードを格納できるのです。

データフレームは、ベクトルをまとめて2次元の表にします。個々のベクトルは、表の中の列になります。そのため、**図3-2**に示すように、データフレームのそれぞれの列は異なる型のデータを格納できますが、同じ列の中ではすべてのセルが同じデータ型でなければなりません。

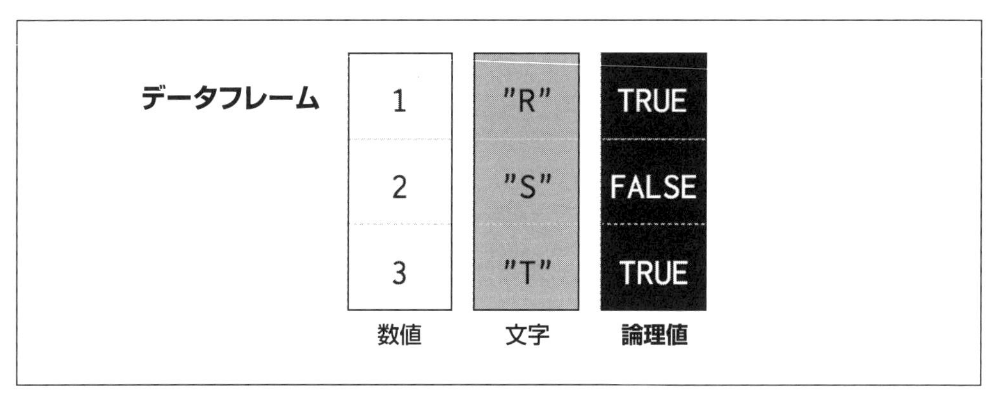

図3-2　データフレームは、列のシーケンスとしてデータを格納する。個々の列のデータ型は同じでなくてもかまわないが、同じ列の中は同じデータ型でなければならない。

手作業でデータフレームを作ろうとするとたくさん入力しなければならなくなりますが、それでよければ`data.frame`関数で作ることができます。`data.frame`には、カンマ区切りのベクトルをいくつでも渡せます。個々のベクトルは、ベクトルの名前に合ったものでなければなりません。`data.frame`は、個々のベクトルを新しいデータフレームの列にします。

```
df <- data.frame(face = c("ace", "two", "six"),
  suit = c("clubs", "clubs", "clubs"), value = c(1, 2, 3))
df
##   face  suit value
## 1  ace clubs     1
```

```
## 2  two clubs     2
## 3  six clubs     3
```

データフレームは長さが違う列を結合できないので、個々のベクトルは同じ長さにする必要があります（Rのリサイクリング規則で同じ長さにすることもできます。**図1-4**参照）。

前のコードでは、data.frameの引数にface、suit、valueという名前を付けましたが、引数にはどんな名前を付けてもかまいません。data.frameは、引数名をデータフレームの列のラベルとして使います。

名前

リストやベクトルの名前は、こういったオブジェクトを作るときに付けることもできます。data.frameと同じ構文を使います。

```
list(face = "ace", suit = "hearts", value = 1)
c(face = "ace", suit = "hearts", value = "one")
```

名前は、オブジェクトのnames属性に格納されます。

データフレームのデータ型を見ると、リストだという答えが返ってきます。実際、データフレームはdata.frameクラスのリストになります。リスト（またはデータフレーム）がまとめているオブジェクトの型は、str関数で見ることができます。

```
typeof(df)
## "list"

class(df)
## "data.frame"

str(df)
## 'data.frame':        3 obs. of  3 variables:
##  $ face : Factor w/ 3 levels "ace","six","two": 1 3 2
##  $ suit : Factor w/ 1 level "clubs": 1 1 1
##  $ value: num  1 2 3
```

Rが文字列をファクタとして保存していることに注意してください。Rはファクタを使いたがるのです。ここではファクタが使われていることに大きな意味はありませんが、data.frameにstringsAsFactors = FALSE引数を追加すれば、この動作を止めることができます。

```
df <- data.frame(face = c("ace", "two", "six"),
  suit = c("clubs", "clubs", "clubs"), value = c(1, 2, 3),
  stringsAsFactors = FALSE)
```

データフレームは、トランプのデッキ全体を作るために非常に優れています。データフレームの各行は1枚1枚のカード、各列は値の種類（それぞれ自分にあったデータ型を持ちます）を表します。データフレームは、次のようなものになるでしょう。

```
##     face    suit value
## 1   king  spades    13
## 2  queen  spades    12
## 3   jack  spades    11
## 4    ten  spades    10
## 5   nine  spades     9
## 6  eight  spades     8
## 7  seven  spades     7
## 8    six  spades     6
## 9   five  spades     5
## 10  four  spades     4
## 11 three  spades     3
## 12   two  spades     2
## 13   ace  spades     1
## 14  king   clubs    13
## 15 queen   clubs    12
## 16  jack   clubs    11
## 17   ten   clubs    10
## (以下省略)
```

このデータフレームは、data.frame で作れますが、必要なタイプ量はとてつもなく多くなります。それぞれ52個の要素を持つベクトルを3つも書かなければなりません。

```
deck <- data.frame(
  face = c("king", "queen", "jack", "ten", "nine", "eight", "seven", "six",
    "five", "four", "three", "two", "ace", "king", "queen", "jack", "ten",
    "nine", "eight", "seven", "six", "five", "four", "three", "two", "ace",
    "king", "queen", "jack", "ten", "nine", "eight", "seven", "six", "five",
    "four", "three", "two", "ace", "king", "queen", "jack", "ten", "nine",
    "eight", "seven", "six", "five", "four", "three", "two", "ace"),
  suit = c("spades", "spades", "spades", "spades", "spades", "spades",
    "spades", "spades", "spades", "spades", "spades", "spades", "spades",
    "clubs", "clubs", "clubs", "clubs", "clubs", "clubs", "clubs", "clubs",
    "clubs", "clubs", "clubs", "clubs", "clubs", "diamonds", "diamonds",
    "diamonds", "diamonds", "diamonds", "diamonds", "diamonds", "diamonds",
    "diamonds", "diamonds", "diamonds", "diamonds", "diamonds", "hearts",
    "hearts", "hearts", "hearts", "hearts", "hearts", "hearts", "hearts",
    "hearts", "hearts", "hearts", "hearts", "hearts"),
  value = c(13, 12, 11, 10, 9, 8, 7, 6, 5, 4, 3, 2, 1, 13, 12, 11, 10, 9, 8,
    7, 6, 5, 4, 3, 2, 1, 13, 12, 11, 10, 9, 8, 7, 6, 5, 4, 3, 2, 1, 13, 12, 11,
    10, 9, 8, 7, 6, 5, 4, 3, 2, 1)
)
```

大きなデータセットを手で入力することはできる限り避けるべきです。手作業の入力は、腱鞘炎になることは言うまでもなく、タイプミスやエラーの原因になります。大きなデータセットは、ファイルとして受け取れればその方が間違いなくよいのです。ファイルがあれば、Rにファイルを読み込んでその内容をオブジェクトとして保存するように指示できます。

私は読者がロードできるようにトランプカード情報を格納するファイルを作りました。だから、コードの入力について心配する必要はありません。それよりも、Rにデータをロードすることに注意を向けましょう。

3.9 データのロード

deckデータフレームの内容は、deck.csvからロードできます。続きを読む前に少し時間を割いてこのファイルをダウンロードしてください。GitHub Gistのページ（http://bit.ly/deck_CSV）に移動し、「Download ZIP」をクリックし、ウェブブラウザのダウンロードフォルダを開けば、deck.csvファイルがあるはずです[†]。

deck.csvは、CSVファイル、すなわちカンマ区切りで値が並べられているプレーンテキストファイルなので、テキストエディタで開くことができます（ほかにも開けるプログラムはたくさんあります）。deck.csvを開くと、次のようなデータの表が含まれていることがわかります。表の各行（row）は、テキストの1行（line）で表されており、各行のセルはカンマで区切られています。すべてのCSVファイルがこの基本形式に従っています。

```
"face","suit,"value"
"king","spades",13
"queen","spades,12
"jack","spades,11
"ten","spades,10
"nine","spades,9
(以下省略)
```

ほとんどのデータサイエンスアプリケーションは、プレーンテキストファイルを開いたり、データをプレーンテキストファイルとしてエクスポートしたりすることができます。そのため、プレーンテキストファイルは、データサイエンスにおけるある種の共通語となっています。

Rにプレーンテキストファイルをロードするには、**図3-3**に示すように、RStudioの「Import Dataset」ボタンをクリックし、「From Text File...」を選択します[‡]。

---

† 訳注：ファイルはzipで圧縮されています。

‡ 監訳者注：RStudio 1.2.5001では、「From Text File...」はなく、「From Text (base)...」がほぼ同等の働きをしています。

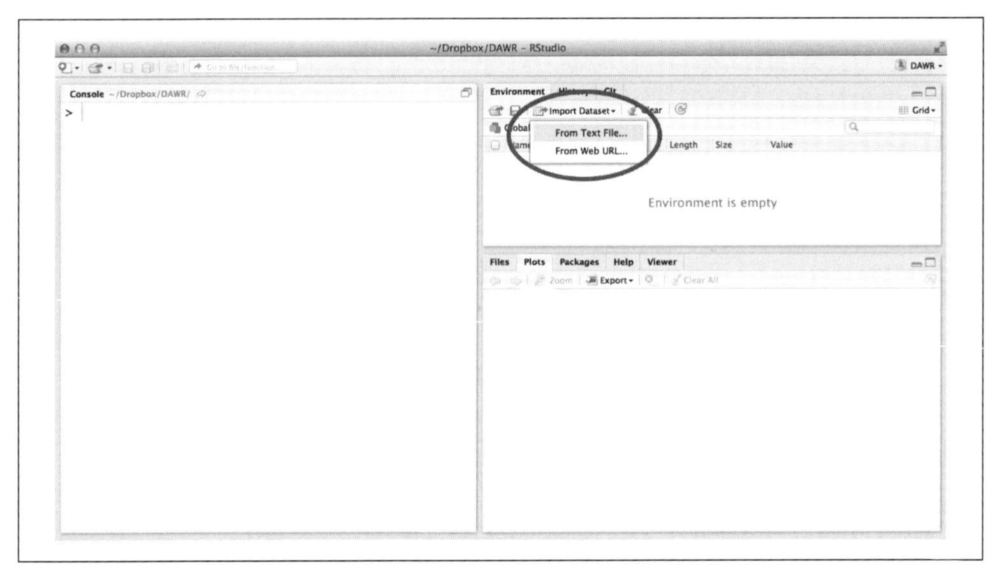

図3-3 RStudioの「Import Dataset」ボタンを使うと、プレーンテキストファイルからデータをインポートできる。

すると、インポートしたいファイルを選択するためのダイアログが開き、ファイルを選択すると、**図3-4**のようなデータのインポート用のウィザードが開きます。このウィザードでは、データセットにどのような名前を付けるか、セパレータ（区切り文字）としてどの文字を使うか、小数点にどの文字を使うか（通常、アメリカや日本ではピリオド、ヨーロッパではカンマです）、データセットに列名の行（**ヘッダ**と呼ばれています）が含まれているかどうかを指定できます。さらに、入力ファイルがどのようなもので、入力の設定に従ったときにそれがどのようなデータフレームになるかも表示されます。

さらに、「Strings as factors」ボックスの選択を解除すれば、文字列をファクタではなく文字列として扱うことができるので、是非お勧めします。選択されたままにすると、Rは文字列をファクタに変換します†。

ウィザードで正しい入力設定ができたら「Import」ボタンをクリックします。すると、RStudioはデータを読み込んでデータフレームに保存します。また、RStudioはデータビューアを開いて新しいデータをスプレッドシート形式で表示します。こうすれば、データが思った通りの形でロードされているかどうかをうまくチェックできます。正しくできれば、**図3-5**に示すように、RStudioの「Source」タブにファイルの内容が表示されます。また、head(deck)を使ってコンソールでデータフレームをチェックすることもできます。

† 監訳者注：RStudio 1.0.153では、read.csvではなく、readrパッケージのread_csvで読み込むため、「String as factors」はなく、文字列は文字列として読み込まれます。

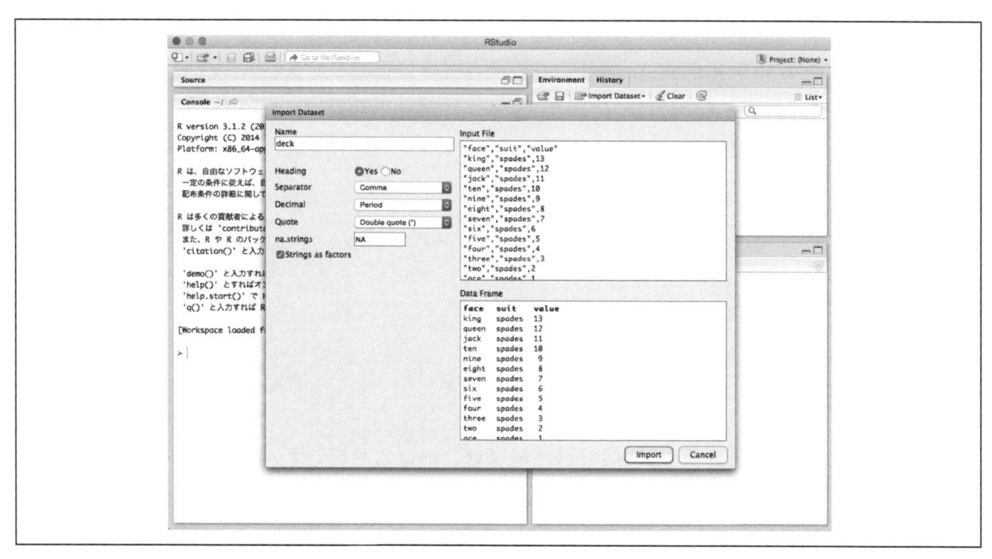

図3-4 RStudioのインポートウィザード

オンラインデータ

「Import Dataset」の「From Web URL...」オプションをクリックすれば、インターネットから直接プレーンテキストファイルをロードできます。ファイルは独自のURLを持っていなければなりません。また、インターネット接続が必要です。

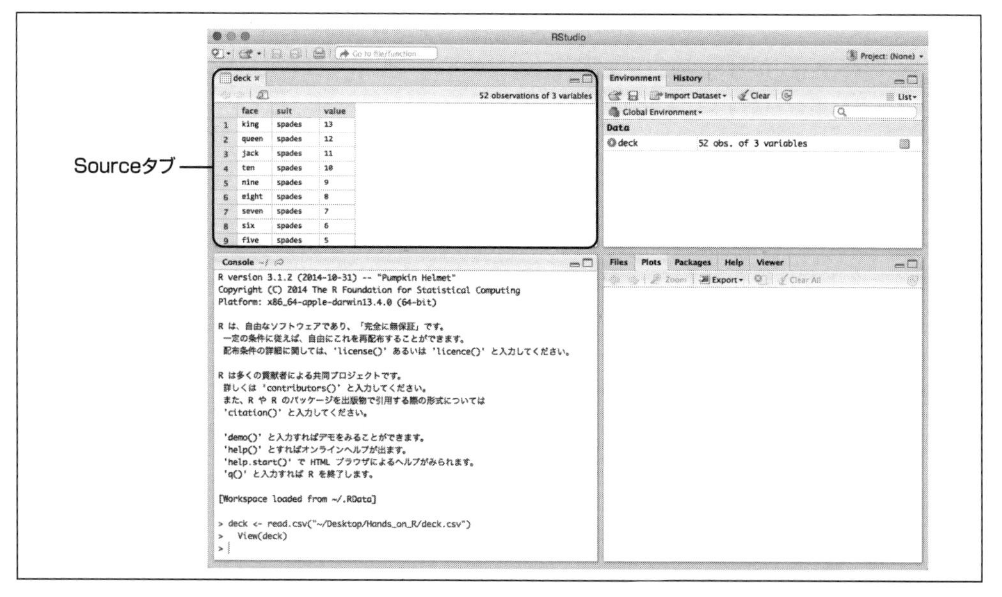

図3-5 データセットをインポートすると、RStudioはデータフレームにデータを保存し、Sourceタブにデータフレームを表示する。View関数を使えば、いつでも任意のデータフレームを「Source」タブに表示できる。

では、みなさんの番です。deck.csvをダウンロードし、RStudioにインポートしましょう。出力は、かならずdeckというRオブジェクトに保存するようにしてください。deckはこれからの数章で使います。すべてがうまくいけば、データフレームの最初の数行は、次のようになるはずです。

```
head(deck) ❶
##    face   suit value
## 1  king spades    13
## 2 queen spades    12
## 3  jack spades    11
## 4   ten spades    10
## 5  nine spades     9
## 6 eight spades     8
```

❶ headとtailは、大きなデータセットを手軽に覗ける関数です。headはデータセットの先頭6行、tailは末尾6行だけを表示します。表示行数を変えたい場合には、たとえばhead(deck, 10)のように、headやtailの第2引数として表示したい行数を指定します。

RはCSVだけではなく、さまざまなタイプのファイルを開くことができます。よく使われるほかのタイプのファイルの開き方については、付録Dを参照してください。

3.10 データの保存

話を先に進める前に、deckを新しい.csvファイルに保存しましょう。保存すれば、同僚にメールしたり、USBメモリに保存しておいたり、別のプログラムで開いたりすることができます。Rのデータフレームは、write.csvコマンドで.csvファイルに保存できます。deckを保存するには、次のコマンドを実行します。

```
write.csv(deck, file = "cards.csv", row.names = FALSE)
```

すると、Rがデータフレームを CSV形式のプレーンテキストファイルに変換し、ファイルを作業ディレクトリに保存します。現在の作業ディレクトリは、getwd()を実行すればわかります。作業ディレクトリを変更するには、RStudioのメニューバーで「Session」→「Set Working Directory」→「Choose Directory」を選択します。

保存のプロセスは、write.csvの膨大なオプション引数群によってカスタマイズできます(詳しくは、?write.csvを参照してください)。しかし、write.csvを呼び出すたびに指定すべき引数が3つあります。

まず第一に、保存したいデータフレームの名前を指定しなければなりません。次に、ファイルの名前を指定しなければなりません。Rは、この名前に特別な操作を加えることなく、そのまま使うので、拡張子を忘れずに指定する必要があります。

最後に、row.names = FALSE引数を追加します。こうすると、Rはこのデータフレームの冒頭に番号の列を追加しなくなります。この数値は1から52までの行の識別子になるものですが、cards.csvを開くプログラムは、この行番号の意味を理解できないでしょう。それらのプログラムは、データフレームのデータの第1列を行名だと想定しているはずです。実際、cards.csvを改めて開いたときのRの想定はそうです。Rでcards.csvを数回、保存と読み込みを繰り返すとデータフレームの先頭に行番号の列がいくつもできていることに気付くでしょう。Rがなぜこんなことをするのか、私には説明できませんが、避け方は説明できます。`write.csv`を使ってデータを保存するときには、かならず`row.names = FALSE`を使うようにしましょう。

保存したファイルの圧縮やほかの形式でのファイルの保存の方法など、ファイルの保存に関する詳細については、付録Dを参照してください。

がんばりましたね。ここまでで操作できる仮想カードデッキを作り上げました。少し休憩をして、戻ってきたらデッキを操作する関数に取り掛かりましょう。

3.11 まとめ

Rでは、データは5種類のオブジェクトに保存できるため、**図3-6**に示すように、さまざまな関係でさまざまな型の値を格納することができます。これらのオブジェクトのうち、データサイエンスでもっとも役に立つのはデータフレームです。データフレームは、表形式データというデータサイエンスでもっともよく使われるデータ形式の1つとして保存できます。

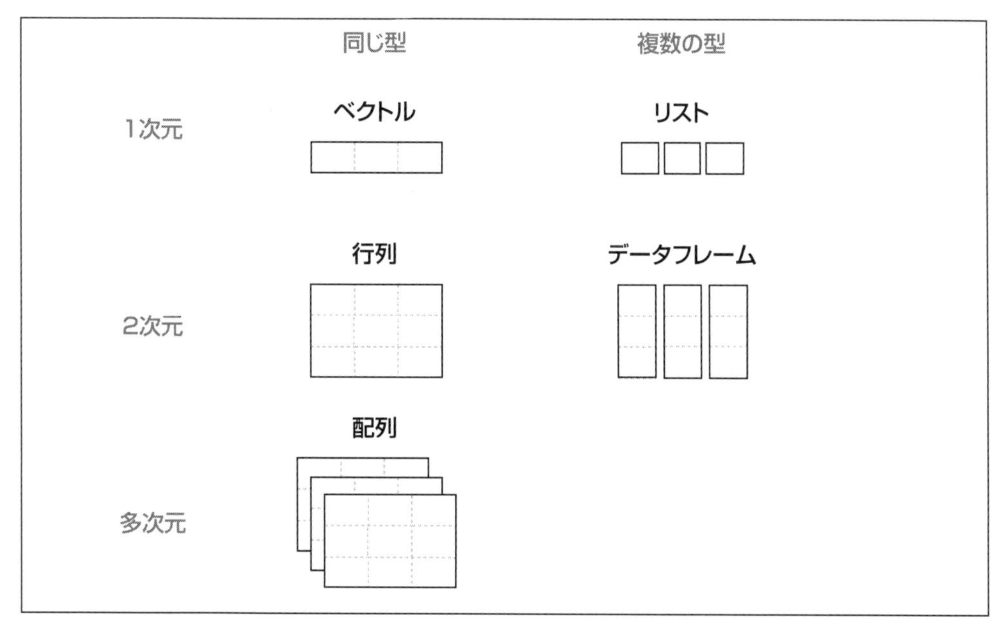

図3-6　Rでもっともよく使われるデータ構造は、ベクトル、行列、配列、リスト、データフレームである。

表形式データは、プレーンテキストファイルとして保存されてさえいれば、RStudioの「Import

Dataset」ボタンでデータフレームにロードできます。この要件は、それほど厳しい制限ではありません。ほとんどのアプリケーションは、データをプレーンテキストファイルとしてエクスポートできます。たとえば、Excelファイルを持っている場合、そのファイルをExcelで開き、CSVとしてエクスポートすれば、Rで使えるようになります。実際、作成したアプリケーションでファイルを開くのは優れた行動です。Excelファイルは、シートや数式など、Excelのファイル操作を可能にするメタデータを使っています。Rでファイルから生のデータを抽出することも不可能ではありませんが、Microsoft Excelほど上手に抽出することはできません。Excel以上にExcelファイルの変換が得意なアプリケーションはありません。同様に、SAS以上にSAS Xportファイルを変換するのが上手なアプリケーションはありません。

しかし、アプリケーション固有ファイルはあるのに、それを作ったアプリケーションは持っていないという場合はあるでしょう。だからと言って、SASファイルを開くだけのために数千ドルもするSASのライセンスを買うのは避けたいところです。幸い、Rはほかのアプリケーションやデータベースが作ったファイルを含め、さまざまなタイプのファイルを開くことができます。さらに、R以外のアプリケーションでは操作しないファイルであれば、メモリや時間の節約に役立つR独自の形式を使うこともできます。Rを使ったデータのロードと保存の全貌を知りたい場合には、付録Dを参照してください。

4章は、この章で学んだことを基礎として話を進めます。この章ではRでのデータの保存方法を学びましたが、4章では、保存した値へのアクセス方法を学びます。また、デッキ操作の手始めとして、シャッフルとディール用に2つの関数を書きます。

4章
Rの記法

トランプのデッキが手に入ったら、それをトランプらしく操作する方法が必要になります。まず、デッキは繰り返しシャッフルすることになるはずです。そして、デッキからカードをディール（配布）したいところでしょう（一度に一枚ずつ、一番上にあるカードからです。ズルをしようとは思っていません）。

こういったことをするためには、データフレームの中の個々の値を操作できなければなりません。これは、データサイエンスの基本作業です。たとえば、デッキの一番上のカードを配るには、次のようにデータフレームの第1行目の値を選択する関数を書く必要があります。

```
deal(deck)
##   face   suit value
##   king spades    13
```

Rオブジェクトに含まれる値は、Rの記法を駆使すれば選択できます。

4.1 値の選択

Rは、Rオブジェクトから値を抽出できる記法を持っています。データフレームから値、または値のグループを抽出するには、次のようにデータフレーム名を書いた直後に角カッコを続けます。

```
deck[ , ]
```

角カッコの間には、カンマで区切られた2つの添字を入れます。添字はRに対してどの値を返すべきかを指示します。Rは、第1の添字を使ってデータフレームの行の一部を選び、第2の添字を使って列の一部を選びます。

添字の書き方にも選択肢があります。Rで添字を指定するための記法は6種類あり、それぞれ少しずつ異なります。どれも非常に単純で手軽なので、1つずつ紹介します。添字は、次のもので指定できます。

- 正の整数
- 負の整数
- ゼロ
- スペース
- 論理値
- 名前

これらの中でもっとも簡単なのは、正の整数を使う方法です。

4.1.1 正の整数

Rは、正の整数を線形代数における *ij* 記法と同じように扱います。そこで、**図4-1**に示すように、deck[i,j] は、deck の *i* 行 *j* 列の値を返します。*i* と *j* は数学的な意味での整数であればかまいません。Rでは、これらの値を数値として保存することができます。

```
head(deck)
##    face   suit value
##    king spades    13
##   queen spades    12
##    jack spades    11
##     ten spades    10
##    nine spades     9
##   eight spades     8

deck[1, 1]
## "king"
```

複数の値を抽出するには、正の整数のベクトルを使います。たとえば、deck の第1行は、deck[1, c(1, 2, 3)] または deck[1, 1:3] で取り出すことができます。

```
deck[1, c(1, 2, 3)]
##   face   suit value
##   king spades    13
```

Rは、第1行の第1～3列に含まれる値を返します。Rが deck からこれらの値を取り除いてしまうわけではないことに注意してください。Rは、オリジナルの値のコピーとなっている新しい値を返します。そこで、Rの割り当て演算子を使えば、この新しいデータセットをRオブジェクトに保存できます。

```
new <- deck[1, c(1, 2, 3)]
new
##   face   suit value
## 1 king spades    13
```

反復

添字の中で同じ数値を繰り返し指定すると、「サブセット」に対応する値を複数回返します。たとえば、次のコードはdeckの第1行を2回返します。

```
deck[c(1, 1), c(1, 2, 3)]
##      face   suit value
##      king spades    13
##      king spades    13
```

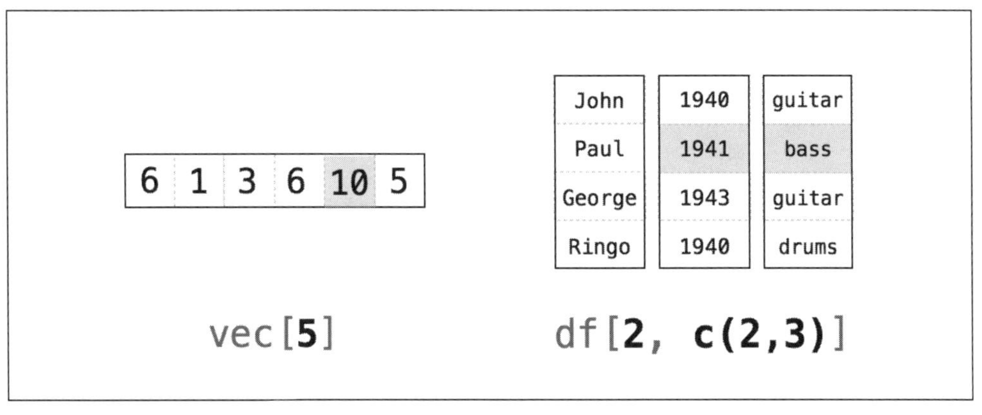

図4-1　Rは線形代数のij記法を使っている。この図のコマンドは、網掛けの部分の値を返す。

Rの記法は、データフレームに限られたものではありません。オブジェクトの各次元に対して1個の添字を渡している限り、どのRオブジェクトでも同じ構文で値を選択できます。たとえば、ベクトル（次元は1）のサブセットは、1個の添字で作れます。

```
vec <- c(6, 1, 3, 6, 10, 5)
vec[1:3]
## 6 1 3
```

1を先頭とする添字

プログラミング言語の中には、0を先頭とする添字を使っているものもあります。つまり、0を指定するとベクトルの第1要素、1を指定すると第2要素が返されるわけです。

Rはそのようにはなりません。Rの添字は、線形代数の添字と同じように動作します。第1要素は、かならず1で参照します。Rはなぜ違うのでしょうか。おそらく、Rが数学者のために書かれたからでしょう。線形代数の授業でインデキシング（添字の付け方）を学んだ私たちは、コンピュータプログラマたちがなぜ0を先頭として添字を付けていくのか不思議に感じるものです。

drop = FALSE

データフレームから複数の列を選択すると、Rは新しいデータフレームを返します。

```
deck[1:2, 1:2]
##    face   suit
##    king spades
##   queen spades
```

しかし、1つの列を選択すると、Rはベクトルを返します。

```
deck[1:2, 1]
## "king" "queen"
```

ベクトルではなくデータフレームがほしい場合には、角カッコの中に`drop = FALSE`というオプション引数を追加してください。

```
deck[1:2, 1, drop = FALSE]
##    face
##    king
##   queen
```

この方法は、行列や配列から1列を選択するときにも使えます。

4.1.2 負の整数

インデキシングでは、負の整数は正の整数の真逆の動作をします。Rは、負の添字が指す要素以外のすべての要素を返します。たとえば、`deck[-1, 1:3]`は、`deck`の第1行以外のすべてのものを返します。`deck[-(2:52), 1:3]`は、他の行をすべて取り除いて第1行だけを返します。

```
deck[-(2:52), 1:3]
##   face   suit value
##   king spades    13
```

データフレームの行または列の大部分を残したいときには、正の整数を使うよりも負の整数を使った方が効率的になります。

Rは、同じ添字の中で負の整数と正の整数を組み合わせて使おうとすると、エラーを返します。

```
deck[c(-1, 1), 1]
## 以下にエラー `[.default`(xj, i) :
   負の添字と混在できるのは 0 という添字だけです
```

しかし、**異なる次元の**添字であれば、正の整数と負の整数の両方を使ってオブジェクトのサブセットを作ることができます（たとえば、`deck[-1, 1]`のように、片方を行、もう片方を列の添字として使う場合です）。

4.1.3 ゼロ

添字として0を使ったらどうなるでしょうか。ゼロは正の整数でも負の整数でもありませんが、Rはゼロをある種の添字操作のための手段として使います。具体的には、添字としてゼロを使った次元からは何も返されません。そのため、ゼロを使うと空オブジェクトが作られます。

```
deck[0, 0]
## data frame with 0 columns and 0 rows
```

正直なところ、ゼロを使ったインデキシングはあまり役に立ちません。

4.1.4 スペース

スペースを使えば、その次元のすべての値を抽出するようにRに指示できます。つまり、オブジェクトの1次元だけのサブセットを作れます。これは、データフレームから行全体または列全体を取り出したいときに役に立ちます。

```
deck[1, ]
##   face   suit value
##   king spades    13
```

4.1.5 論理値

添字としてTRUEとFALSEから構成されたベクトルを使えば、RはTRUEが指定された行または列を返します。たとえば**図4-2**の場合、RはTRUEが指定されている各行を返します。

Rがデータフレームを端から端まで読みながら、「データフレームのi番目の行は返してよいのだろうか」と考え、与えられた添字のi番目の値を見て答えを出すというようにイメージすればわかりやすいでしょう。この方法を使う場合、引数のベクトルは、選択しようとしている次元と同じ長さでなければなりません。

```
deck[1, c(TRUE, TRUE, FALSE)]
##   face   suit
##   king spades

rows <- c(TRUE, F, F, F, F, F, F, F, F, F, F, F, F, F, F, F,
  F, F, F, F, F, F, F, F, F, F, F, F, F, F, F, F, F, F, F, F, F, F,
  F, F, F, F, F, F, F, F, F, F, F, F, F, F)
deck[rows, ]
##   face   suit value
##   king spades    13
```

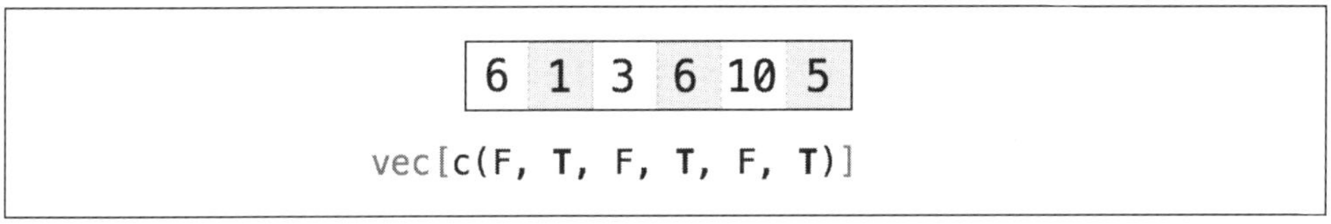

```
6 1 3 6 10 5

vec[c(F, T, F, T, F, T)]
```

図4-2 TRUEとFALSEから成るベクトルを使えば、抽出すべき行がどれでそうでない行がどれかを正確に指示できる。この場合、コマンドは1、6、5だけを返す。

この方法は奇妙に感じられるかもしれません。こんなにも多くのTRUEとFALSEを入力しようと思う人はいるのでしょうか。しかし、5章では、この方法が力を発揮します。

4.1.6 名前

最後に、オブジェクトが名前を持っている場合は、名前を使って抽出したい要素を要求することもできます（「3.2.1 名前」参照）。

```
deck[1, c("face", "suit", "value")]
##   face   suit value
## 1 king spades    13

# value 列全体
deck[ , "value"]
## 13 12 11 10  9  8  7  6  5  4  3  2  1 13 12 11 10  9
##  8  7  6  5  4  3  2  1 13 12 11 10  9  8  7  6  5  4
##  3  2  1 13 12 11 10  9  8  7  6  5  4  3  2  1
```

4.2 カードのディール

Rの記法の基礎がわかったので、さっそく使ってみましょう。

練習問題

次のコードを完成させて、データフレームの最初の行を返す関数を書いてください。

```
deal <- function(cards) {
  # ?
}
```

データフレームの第1行を返すdeal関数は、どの記法でも作れます。ここでは、わかりやすい正の整数とスペースによる方法を使います。

```
deal <- function(cards) {
  cards[1, ]
}
```

関数は、求めた通りのことをします。データセットのもっとも上にあるカードを配ります。しかし、繰り返し実行すると、どうもこの deal 関数はピンと来ない感じがします。

```
deal(deck)
##    face   suit value
##    king spades    13

deal(deck)
##    face   suit value
##    king spades    13

deal(deck)
##    face   suit value
##    king spades    13
```

deal はいつもかならずスペードのキングを返しますが、それは deck がカードを配ったらそのカードはデッキからなくなることを知らないからです。そのため、スペードのキングはディール前にあった場所、つまりすぐにディールできるデッキの最上位に居続けるのです。これは解決が難しい問題であり、6章で改めて取り上げることにします。それまでは、ディールするたびにデッキをシャッフルし直して、いつも新しいカードが最上位に来るようにして、この問題を回避します。

シャッフルは一時的な妥協です。このデッキでプレイするときにあるカードが出る確率は、1つのデッキで実際にゲームをするときにそのカードが出る確率とは一致しません。たとえば、続けてスペードのキングが出る確率はまだ残っています。しかし、これはそれほど深刻な問題ではありません。ほとんどのカジノは、カードを数えられないように、カードゲームで5、6セットのデッキを使っています。そのような場合にあるカードが出る確率は、私たちがここで作るシャッフル機能でそのカードが出る確率と非常に近いものになるでしょう。

4.3 デッキのシャッフル

本物のカードデッキをシャッフルするときには、カードの順序をランダムに変えます。手元の仮想デッキでは、各カードはデータフレームの行になっています。デッキをシャッフルするためには、データフレーム内の行の順序をランダムに変える必要があります。そんなことができるのでしょうか。もちろん！ 読者は、そのために必要なことをすでに知っています。

ばかばかしい感じがするかもしれませんが、まず、データフレームから各行を抽出しましょう。

```
deck2 <- deck[1:52, ]

head(deck2)
```

```
##    face   suit value
##    king spades    13
##   queen spades    12
##    jack spades    11
##     ten spades    10
##    nine spades     9
##   eight spades     8
```

得られたものは何でしょうか。順序がまったく変わっていない新しいデータフレームです。では、異なる順序で行を抽出するようにRに要求してみたらどうでしょうか。たとえば、次のようにすれば、元の2行目が先頭で、**次**が1行目、あとは同じという順序にすることができます。

```
deck3 <- deck[c(2, 1, 3:52), ]

head(deck3)
##    face   suit value
##   queen spades    12
##    king spades    13
##    jack spades    11
##     ten spades    10
##    nine spades     9
##   eight spades     8
```

Rは言われた通りのことを行います。Rはすべての行を指定した通りの順序で返します。行をランダムな順序にしたいのであれば、1から52までの整数をランダムな順序に並べ、それを行添字として使います。では、そのようなランダムな順序の整数の集まりを作るにはどうすればよいのでしょうか。そのためには便利な`sample`関数を使います。

```
random <- sample(1:52, size = 52)
random
## 35 28 39  9 18 29 26 45 47 48 23 22 21 16 32 38  1 15 20
## 11  2  4 14 49 34 25  8  6 10 41 46 17 33  5  7 44  3 27
## 50 12 51 40 52 24 19 13 42 37 43 36 31 30

deck4 <- deck[random, ]
head(deck4)
##    face     suit value
##    five diamonds     5
##   queen diamonds    12
##     ace diamonds     1
##    five   spades     5
##    nine    clubs     9
##    jack diamonds    11
```

これで新しいデッキは完全にシャッフルされたものになります。あとは、以上のステップを1つの関数にまとめれば完成です。

> **練習問題**
>
> これまでに説明したアイデアから shuffle 関数を書いてください。shuffle は、引数としてデータフレームを受け付け、シャッフルしたデータフレームのコピーを返します。

手元の shuffle 関数は、次のような感じのものになっているでしょう。

```
shuffle <- function(cards) {
  random <- sample(1:52, size = 52)
  cards[random, ]
}
```

すばらしい。これで読者はディールするたびにカードをシャッフルできるようになりました。

```
deal(deck)
## face   suit value
## king spades    13

deck2 <- shuffle(deck)

deal(deck2)
## face  suit value
## jack clubs    11
```

4.4 ドル記号と二重角カッコ

データフレームとリストの2種類のオブジェクトは、$構文という値を抽出するオプションの第2の記法を持っています。$構文でデータフレームとリストから要素を取り出すことができます。Rプログラマになると、$構文にたびたび遭遇するので、ここでその仕組みを探ってみることにしましょう。

データフレーム名と列名の間に$を入れた形のものを使うと、データフレームから列を選択することができます。このとき列名の前後はクォートでは囲みません。

```
deck$value
## 13 12 11 10  9  8  7  6  5  4  3  2  1 13 12 11 10  9  8  7
##  6  5  4  3  2  1 13 12 11 10  9  8  7  6  5  4  3  2  1 13
## 12 11 10  9  8  7  6  5  4  3  2  1
```

このように、Rはベクトルの形で列に含まれるすべての値を返します。データセットはデータフレームの列として格納することが多いので、この$記法は驚くほど役に立ちます。仕事をしていると変数に格納されている値に対して、meanやmedianといった関数を実行したいと思うことがとても多くなります。Rでは、これらの関数は、入力として値のベクトルを受け付けるので、deck$valueはまさに正しい形式でデータを作ってくれるのです。

```
mean(deck$value)
## 7

median(deck$value)
## 7
```

リストの要素に対しても、名前がある場合には同じ$記法を使うことができます。リストでも、この記法には利点があります。通常の方法でリストのサブセットを作ると、Rは要求した要素を含む**新しい**リストを返します。1個の要素を要求したときでも、リストが返されるのです。

この動作を確認するために、リストを作ってみましょう。

```
lst <- list(numbers = c(1, 2), logical = TRUE, strings = c("a", "b", "c"))
lst
## $numbers
## 1 2

## $logical
## TRUE

## $strings
## "a" "b" "c"
```

そして、サブセットを作ります。

```
lst[1]
## $numbers
## 1 2
```

この結果は、1個の要素を持つ小さなリストです。その要素とは、c(1, 2)というベクトルです。多くのR関数はリストを操作しないので、この動作は不便に感じることがあります。たとえば、sum(lst[1])はエラーを返します。ベクトルをリストに格納してしまったら、もうリストという形でしか取り出せないのだとすればぞっとするでしょう。

```
sum(lst[1])
## 以下にエラー sum(lst[1]) : 引数 'type' (list) が不正です
```

$記法を使えば、Rはリスト構造の衣を被せずに、選択された値をそのまま返します。

```
lst$numbers
## 1 2
```

結果をすぐに関数に渡すこともできます。

```
sum(lst$numbers)
## 3
```

リストの要素が名前を持たない場合（あるいは名前を使いたくない場合）には、1個ではなく2個の角カッコを使ってリストのサブセットを作ることができます。この記法は、$記法と同じことをします。

```
lst[[1]]
## 1 2
```

つまり、普通の角カッコ記法でリストのサブセットを作ると、Rは小さなリストを返しますが、二重角カッコ記法でリストのサブセットを作ると、Rはリストの要素に含まれていた値だけを返します。この機能は、Rのすべての添字記法と組み合わせて使うことができます。

```
lst["numbers"]
## $numbers
## 1 2

lst[["numbers"]]
## 1 2
```

この違いは目立たないものですが重要です。Rコミュニティでは、**図4-3**に示すような形で考えると役に立つということで人気があります。リストは列車、その要素は1両の車輌だと考えてください。普通の角カッコを使ったときには、Rは個別の車輌を選択し、それを新しい列車として返します。個々の車輌の内容は変わりませんが、その内容はまだ列車（つまり、リスト）の中にあります。二重角カッコを使うと、Rは車輌から中身を取り出し、その中身だけを返します。

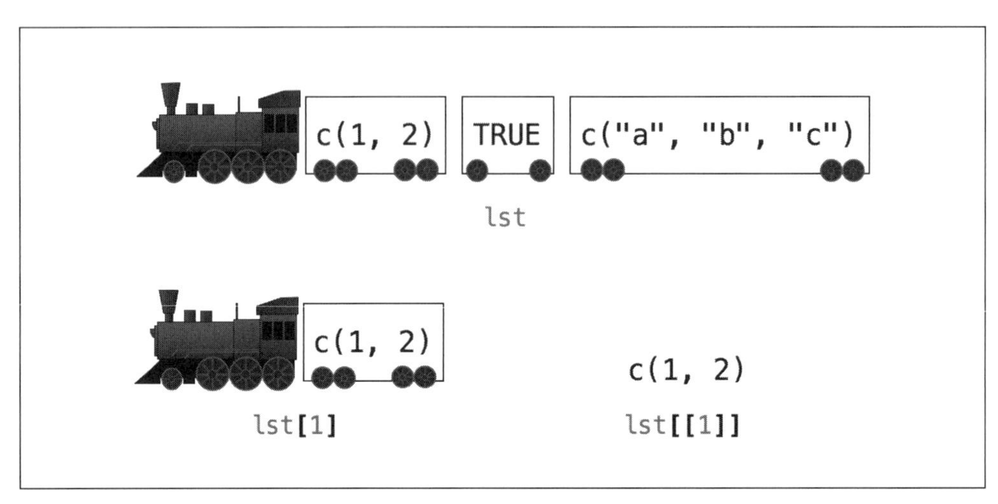

図4-3 リストは列車だと考えるとわかりやすくなる。列車の中の車輌を選択したいときには普通の角カッコ、車輌の中身を選択したいときには二重角カッコを使う。

attachは使わないように

Rの初期の時代には、値がロードされたデータセットに対してattach()を使う方法が人気を集めていましたが、今は絶対にこれをしないでください。attachは、StataやSPSSなどのほかの統計アプリケーションで使われているのとよく似たコンピューティング環境を再現するので、両方を使うユーザーにその点が気に入られていました。しかし、RはStataでもSPSSでもありません。RはRコンピューティング環境を使うように最適化されており、attach()を実行すると一部のR関数は混乱してしまいます。

では、attach()は何をしているのでしょうか。表面的にはattachを使えば入力量が減ります。deckデータセットをattachすると、その中の個々の変数を名前で参照できるようになります。つまり、deck$faceではなく、ただfaceと書くだけで参照できます。しかし、入力する字数が多いのは悪いことではありません。たくさん入力すれば明示的に指定できます。そして、コンピュータプログラミングでは、明示的なことはよいことです。attachをすると、Rが2つの変数名を混同する危険性が生まれます。関数内でそのような混同が起きると、結果は使えず、エラーメッセージからは手がかりが得られないということになるでしょう。

読者はRに格納されている値の取得ではもうエキスパートです。それでは、達成したことをまとめてみましょう。

4.5 まとめ

この章では、Rに格納された値にアクセスするにはどうすればよいかを学びました。データフレームの内部にある値のコピーを取り出すことができ、そのコピーは新しい計算に使うことができます。

それだけではなく、Rオブジェクト内の値にアクセスするためのRの記法を使いこなせるようになりました。オブジェクト名を書いてから角カッコ内に添字を書くというものです。オブジェクトがベクトルのような1次元のものなら、1個の添字を渡せば十分ですが、データフレームのような2次元のものなら、2個の添字をカンマで区切って渡さなければなりません。そして、*n*次元のものなら、それぞれをカンマで区切った*n*個の添字を渡さなければなりません。

5章では、このシステムについての学習を1歩先に進めて、データフレーム内に格納されている値を書き換える方法を学びます。このようにして学ぶことをすべてまとめると、データの完全なコントロールという特別な力になります。読者は、コンピュータにデータを格納し、思うままに個々の値を取り出し、コンピュータを使ってそれらの値から正しい計算を実行できるのです。

これは基本的なことでしょうか。そうかもしれませんが、強力でデータサイエンスを効率よく進めるためには必要不可欠なことでもあります。もう、すべてのことを頭で覚える必要はありませんし、暗算の間違いを気にする必要もありません。この低水準でのデータのコントロールは、第Ⅲ部のテーマであるより効率的なRプログラムを書くための前提条件でもあります。

5章
値の書き換え

手元の仮想デッキはもうゲームをできる状態になっているでしょうか。残念ながら、さすがにそこまではできあがっていません。デッキのポイントシステムと多くのカードゲームのポイントシステムにはズレがあります。たとえば、戦争ゲームやポーカーでは、エースはキングよりも高いポイントになります。1ではなく14になるのです。

ここでは、戦争、ハーツ、ブラックジャックの3種類のゲームに合わせてデッキのポイントシステムを3回変更します。これらのゲームは、データセット内の値の変更について、それぞれ少し異なることを教えてくれます。まず、操作できるデッキのコピーを作っておきましょう。

```
deck2 <- deck
```

こうすれば、とんでもないことが起きてしまったときに最後の拠り所となるきれいなデッキを残しておけます。

5.1 その場での値の変更

Rの記法を使えば、Rオブジェクト内の値を書き換えられます。まず書き換えたい値（1つでも複数でも）を表現します。次に、割り当て演算子の <- を使って値を上書きします。Rは、**元のオブジェクトの中の**選択された値を書き換えます。それでは、実際に試してみましょう。

```
vec <- c(0, 0, 0, 0, 0, 0)
vec
## 0 0 0 0 0 0
```

vecの先頭の値は、次のようにして選択します。

```
vec[1]
## 0
```

そして、次のようにすればこの値を書き換えられます。

```
vec[1] <- 1000
vec
## 1000    0    0    0    0    0
```

新しい値の個数と選択された値の個数が同じであれば、複数の値を一度に書き換えることができます。

```
vec[c(1, 3, 5)] <- c(1, 1, 1)
vec
## 1 0 1 0 1 0

vec[4:6] <- vec[4:6] + 1
vec
## 1 0 1 1 2 1
```

また、オブジェクトにまだ存在しない値を作ることもできます。Rは新しい値に合わせてオブジェクトを拡張します。

```
vec[7] <- 0
vec
## 1 0 1 1 2 1 0
```

これを利用すると、データセットに新しい変数を追加できます。

```
deck2$new <- 1:52

head(deck2)
##     face   suit value new
##     king spades    13   1
##    queen spades    12   2
##     jack spades    11   3
##      ten spades    10   4
##     nine spades     9   5
##    eight spades     8   6
```

また、NULLを割り当てれば、データフレームから列を（そしてリストから要素を）取り除くことができます。

```
deck2$new <- NULL

head(deck2)
##     face   suit value
##     king spades    13
##    queen spades    12
##     jack spades    11
```

```
##      ten spades    10
##     nine spades     9
##    eight spades     8
```

戦争ゲームでは、比喩的に言ってエースこそがキングです。エースはすべてのカードの中でもっともポイントが高く、14点になります。エース以外のカードは、deckですでに指定されているのと同じポイントです。戦争ゲームをするときには、エースのポイントを1から14に変えるだけで正しいポイントシステムになります。

デッキをシャッフルしていなければ、エースがどこにあるかはわかります。つまり、13枚目ごとです。そこで、Rの記法を使えば、エースの4枚は次のように表すことができます。

```
deck2[c(13, 26, 39, 52), ]
##     face     suit value
##      ace   spades     1
##      ace    clubs     1
##      ace diamonds     1
##      ace   hearts     1
```

そして、deck2の列のサブセットを作ればエースのポイントだけを取り出すことができます。

```
deck2[c(13, 26, 39, 52), 3]
## 1 1 1 1

deck2$value[c(13, 26, 39, 52)]
## 1 1 1 1
```

あとは、これら古い値に新しい値セットを割り当てるだけです。新しい値セットは、元の値セットと同じサイズでなければなりません。そこで、エースのポイントに`c(14, 14, 14, 14)`を保存するか、14が`c(14, 14, 14, 14)`になるRのリサイクル規則を利用して14を保存します。

```
deck2$value[c(13, 26, 39, 52)] <- c(14, 14, 14, 14)

# または

deck2$value[c(13, 26, 39, 52)] <- 14
```

値は**その場で**変更されています。deck2のコピーを書き換えたものが得られるのではなく、新しい値がdeck2の中に埋め込まれるのです。

```
head(deck2, 13)
##      face   suit value
## 1    king spades    13
## 2   queen spades    12
```

```
## 3   jack spades   11
## 4    ten spades   10
## 5   nine spades    9
## 6  eight spades    8
## 7  seven spades    7
## 8    six spades    6
## 9   five spades    5
## 10  four spades    4
## 11 three spades    3
## 12   two spades    2
## 13   ace spades   14
```

ベクトル、行列、配列、リスト、データフレームのどのオブジェクトにデータが格納されているかにかかわらず、同じテクニックが使えます。実際にはRの記法を使って書き換えたい値を表現し、Rの割り当て演算子で新しい値を割り当てるだけです。

この例がとても簡単だったのは、個々のエースがどこにあるかが正確にわかっていたからです。デッキのトランプは決まった順序で並べられており、エースは13行ごとに現れるようになっていました。

しかし、デッキがすでにシャッフルされていたらどうなるでしょうか。すべてのカードをチェックしてエースの位置を記録しておけばよいわけですが、それでは少々面倒です。データフレームがもっと大きい場合には、そのようなことは不可能になってしまうでしょう。

```
deck3 <- shuffle(deck)
```

この状態で、エースはどこにあるでしょうか。

```
head(deck3)
##  face     suit value
## queen    clubs    12
##  king    clubs    13
##   ace   spades     1 # エースはここです
##  nine    clubs     9
## seven   spades     7
## queen diamonds    12
```

Rにエースを探すように指示してみてはどうでしょうか。論理添字を使えばそれが可能です。論理添字は、ターゲットを決めてデータを抽出し、書き換える手段を提供します。データセット内で敵を見つけて攻撃する作戦のようなものだと言うことができるでしょう。

5.2 論理添字

Rの論理値の添字(「**4.1.5 論理値**」)のことを覚えているでしょうか。復習しておくと、TRUEとFALSEのベクトルで値を選択する方法です。ベクトルは、選択したい次元と同じ長さでなければなりません。Rは TRUE のすべての要素を返します。

```
vec
## 1 0 1 1 2 1 0

vec[c(FALSE, FALSE, FALSE, FALSE, TRUE, FALSE, FALSE)]
## 2
```

一見したところ、この方法はあまり実用的ではないように感じられます。TRUE と FALSE の長いベクトルをいちいち入力する気になる人などいないでしょう。しかし、そんなことをする必要はありません。論理テストに TRUE と FALSE のベクトルを作らせればよいのです。

5.2.1 論理テスト

論理テストとは、「1は2よりも小さいか？」（1 < 2）とか「3は4よりも大きいか？」（3 > 4）といった比較のことです。**表5-1** に示すように、Rは比較演算用に7種類の比較演算子を用意しています。

表5-1 Rの比較演算子

演算子	構文	テスト
>	a > b	aはbよりも大きいか？
>=	a >= b	aはb以上か？
<	a < b	aはbよりも小さいか？
<=	a <= b	aはb以下か？
==	a == b	aはbと等しいか？
!=	a != b	aはbと等しくないか？
%in%	a %in% c(a, b, c)	aはc(a, b, c)のグループに含まれているか？

こうした比較演算子は、それぞれ TRUE か FALSE を返します。ベクトルを比較する演算子を使った場合、Rは算術演算子と同じように要素ごとに比較を行います。

```
1 > 2
## FALSE

1 > c(0, 1, 2)
## TRUE FALSE FALSE

c(1, 2, 3) == c(3, 2, 1)
## FALSE TRUE FALSE
```

ただし、%in% だけは、通常の要素ごとの比較を行いません。%in% は、左側の値（1つまたは複数）が右側のベクトルに含まれているかどうかをテストします。左側にベクトルを与えても、%in%は左右の値を対にしてその対ごとにテストをするわけではなく、左側の個々の値が右側のベクトルのどこかに含まれているかをテストします。

```
1 %in% c(3, 4, 5)
## FALSE

c(1, 2) %in% c(3, 4, 5)
## FALSE FALSE

c(1, 2, 3) %in% c(3, 4, 5)
## FALSE FALSE  TRUE

c(1, 2, 3, 4) %in% c(3, 4, 5)
## FALSE FALSE  TRUE  TRUE
```

等値比較には、等号1つの = ではなく、等号2つの == を使います。等号1つの = は、<- 演算子の別名にもなっているのです。これはとかく忘れがちなことで、a と b が等しいかどうかをテストするために a = b と書いてしまいがちですが、そうすると思わぬことが引き起こされてしまいます。この場合、R は TRUE も FALSE も返しませんが、それはそうする必要がないからです。a = b は a <- b と同じ意味なので、a は間違いなく b と等しくなるのです。

= は割り当て演算子

= と == を混同しないようにしてください。= は <- と同じ意味であり、オブジェクトに値を割り当てます。

任意の2つの R オブジェクトは比較演算子で比較することができます。しかし、比較演算子がもっとも意味を持つのは、同じデータ型の2個のオブジェクトを比較した場合です。異なるデータ型のオブジェクトを比較すると、R は型強制のルールを使って2つのオブジェクトを同じ型にしてから比較します。

練習問題

deck2 の face 列を抽出し、個々の値が ace と等しいかどうかをテストしてください。また、応用問題として、R を使って ace と等しいカードの数をすばやく計算する方法を考えてください。

face 列は、R の $ 記法で抽出できます。

```
deck2$face
## "king"  "queen" "jack"  "ten"   "nine"
## "eight" "seven" "six"   "five"  "four"
## "three" "two"   "ace"   "king"  "queen"
## "jack"  "ten"   "nine"  "eight" "seven"
## "six"   "five"  "four"  "three" "two"
## "ace"   "king"  "queen" "jack"  "ten"
## "nine"  "eight" "seven" "six"   "five"
## "four"  "three" "two"   "ace"   "king"
## "queen" "jack"  "ten"   "nine"  "eight"
## "seven" "six"   "five"  "four"  "three"
## "two"   "ace"
```

次に、== 演算子を使って、個々の値がaceに等しいかどうかをテストします。次のコードでは、Rはリサイクル規則を使ってdeck2$faceのすべての値と"ace"を比較しています。クォートが重要な意味を持つことに注意してください。クォートを省略すると、Rはaceという名前のオブジェクトを探してdeck2$faceと比較しようとします。

```
deck2$face == "ace"
## FALSE FALSE FALSE FALSE FALSE FALSE FALSE
## FALSE FALSE FALSE FALSE FALSE  TRUE FALSE
## FALSE FALSE FALSE FALSE FALSE FALSE FALSE
## FALSE FALSE FALSE FALSE  TRUE FALSE FALSE
## FALSE FALSE FALSE FALSE FALSE FALSE FALSE
## FALSE FALSE FALSE  TRUE FALSE FALSE FALSE
## FALSE FALSE FALSE FALSE FALSE FALSE FALSE
## FALSE FALSE  TRUE
```

このベクトルのTRUEの数は、sumを使えばすぐに数えられます。Rは、論理値を使って算術演算をしようとすると、論理値を数値に型強制することを思い出してください。RはTRUEを1、FALSEを0に変換します。そのため、sumはTRUEの数を返すことになります。

```
sum(deck2$face == "ace")
## 4
```

この方法を使えば、カードをシャッフルしたあとでも、デッキの中のエースを見つけて書き換えることができます。まず、シャッフルされたデッキからエースを見つけるための論理テストを作ります。

```
deck3$face == "ace"
```

次に、このテストを使ってエースのポイントを取り出します。テストは論理ベクトルを返すので、それを添字として使います。

```
deck3$value[deck3$face == "ace"]
## 1 1 1 1
```

最後に、割り当てを使ってdeck2のエースのポイントを書き換えます。

```
deck3$value[deck3$face == "ace"] <- 14

head(deck3)
##  face     suit value
## queen    clubs    12
##  king    clubs    13
##   ace   spades    14 # エースはここです
##  nine    clubs     9
## seven   spades     7
## queen diamonds    12
```

まとめると、論理テストを使えばオブジェクトの中の値を選択できるということです。

論理添字は、データセット内の個別の値をすばやく見つけ、抽出、変更できる強力なテクニックです。論理添字を操作するときには、データセットのどこに値があるかを把握しておく必要はありません。論理テストで値を表現する方法だけがわかっていればよいのです。

論理添字は、Rがもっとも力を発揮する場面の1つです。実際、論理添字はベクトル化プログラミングの重要な構成要素であり、10章で学ぶ高速で効率的なRコードが書けるコーディングスタイルです。

それでは、新しいゲーム、ハーツで論理添字を実際に使ってみましょう。ハーツでは、ハートのカードとスペードのクイーンを除いてすべてのカードのポイントが0です。

```
deck4 <- deck
deck4$value <- 0

head(deck4, 13)
##      face   suit value
## 1    king spades     0
## 2   queen spades     0
## 3    jack spades     0
## 4     ten spades     0
## 5    nine spades     0
## 6   eight spades     0
## 7   seven spades     0
## 8     six spades     0
## 9    five spades     0
## 10   four spades     0
## 11  three spades     0
## 12    two spades     0
## 13    ace spades     0
```

ハートのカードはどれもポイントが1になります。ハートのカードを見つけてその値を変えられますか？ 試してみましょう。

練習問題

deck4のハートのカードがどれもポイント1になるようにしてください。

この問題に答えるには、まず、ハートのカードを見つけ出すテストを書きます。

```
deck4$suit == "hearts"
## FALSE FALSE FALSE FALSE FALSE FALSE FALSE
## FALSE FALSE FALSE FALSE FALSE FALSE FALSE
## FALSE FALSE FALSE FALSE FALSE FALSE FALSE
## FALSE FALSE FALSE FALSE FALSE FALSE FALSE
## FALSE FALSE FALSE FALSE FALSE FALSE FALSE
## FALSE FALSE FALSE FALSE  TRUE  TRUE  TRUE
##  TRUE  TRUE  TRUE  TRUE  TRUE  TRUE  TRUE
##  TRUE  TRUE  TRUE
```

そして、このテストを使ってハートのカードのポイントの部分を選択します。

```
deck4$value[deck4$suit == "hearts"]
## 0 0 0 0 0 0 0 0 0 0 0 0 0
```

最後に、これらのポイントを新しい値にします。

```
deck4$value[deck4$suit == "hearts"] <- 1
```

これですべてのハートのカードのポイントが更新されました。

```
deck4$value[deck4$suit == "hearts"]
## 1 1 1 1 1 1 1 1 1 1 1 1 1
```

ハーツでは、スペードのクイーンが特別な力を持ち、13ポイントとなります。スペードのクイーンのポイントを書き換えるのは簡単ですが、見つけるのが驚くほど大変です。まず、すべての**クイーン**を探します。

```
deck4[deck4$face == "queen", ]
##      face   suit value
## 2  queen  spades     0
## 15 queen   clubs     0
```

```
## 28 queen diamonds     0
## 41 queen   hearts     1
```

しかし、これではまだカード3枚分余計です。一方、**スペード**のカードをすべて見つけてくる方法もあります。

```
deck4[deck4$suit == "spades", ]
##     face   suit value
## 1   king spades     0
## 2  queen spades     0
## 3   jack spades     0
## 4    ten spades     0
## 5   nine spades     0
## 6  eight spades     0
## 7  seven spades     0
## 8    six spades     0
## 9   five spades     0
## 10  four spades     0
## 11 three spades     0
## 12   two spades     0
## 13   ace spades     0
```

しかし、これではカードが12枚多すぎます。自分が見つけたいものは、フェイスがクイーンでマークがスペードのすべてのカードです。これは**ブール演算子**を使えば指定できます。ブール演算子は、複数の論理テストを結合して新しい1つのテストを作ります。

5.2.2 ブール演算子

ブール演算子とは、and（&）やor（|）のようなものです。ブール演算子は、複数の論理テストから1つのTRUEかFALSEを導き出します。**表5-2**に示すように、Rには6つのブール演算子があります。

表5-2 Rのブール演算子

演算子	構文	テストの内容
&	cond1 & cond2	cond1、cond2が両方とも真かどうか。
|	cond1 | cond2	cond1、cond2のどちらかが真かどうか。
xor	xor(cond1, cond2)	cond1とcond2のうちの1つだけが真になっているかどうか。
!	!cond1	cond1は偽になっているかどうか（!は論理テストの結果を反転する）。
any	any(cond1, cond2, cond3, …)	これらの条件式の中で真になっているものが1つでもあるかどうか。
all	all(cond1, cond2, cond3, …)	すべての条件式が真になっているかどうか。

ブール演算子は、2つの**完全な**論理テストの間に挿入します。Rは、**図5-1**に示すように、個々の論理テストを実行してから、ブール演算子を使って1つのTRUE、またはFALSEという結果を導き出します。

ブール演算子でもっともよく見られる誤り

ブール演算子の両辺のいずれかに完全なテストを入れ損ねることがよくあります。たとえば、文章では、「*x*は2よりも大きく9よりも小さいか？」のように効率のよい表現をすることができますが、Rでは、「*x*は2よりも大きく、*x*は9よりも小さいか？」のような言い方をしなければなりません。**図5-1**は、このことを示しています。

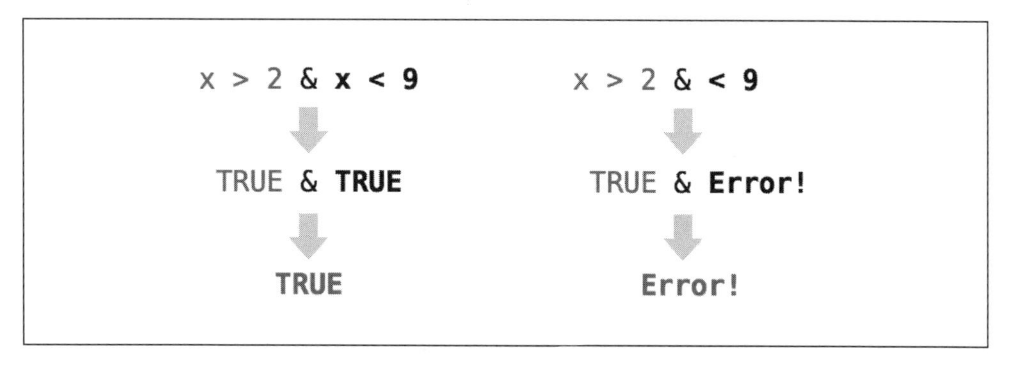

図5-1　Rは、ブール演算子の両辺の式を独立に評価し、その結果から1つのTRUEまたはFALSEを導き出す。演算子のそれぞれの項に完全な式を渡さなければ、Rはエラーを返す。

ベクトルとともに使うと、ブール演算子は算術、比較演算子と同じ要素単位の実行の規則に従います。

```
a <- c(1, 2, 3)
b <- c(1, 2, 3)
c <- c(1, 2, 4)

a == b
## TRUE TRUE TRUE

b == c
##  TRUE  TRUE FALSE

a == b & b == c
##  TRUE  TRUE FALSE
```

ブール演算子を使ってデッキの中でスペードのクイーンを探すことはできるでしょうか。もちろん可能です。個々のカードについて、それがクイーンで**かつ**スペードかどうかをテストしたいということです。このテストは、次のように書くことができます。

```
deck4$face == "queen" & deck4$suit == "spades"
## FALSE  TRUE FALSE FALSE FALSE FALSE FALSE
## FALSE FALSE FALSE FALSE FALSE FALSE FALSE
## FALSE FALSE FALSE FALSE FALSE FALSE FALSE
## FALSE FALSE FALSE FALSE FALSE FALSE FALSE
## FALSE FALSE FALSE FALSE FALSE FALSE FALSE
## FALSE FALSE FALSE FALSE FALSE FALSE FALSE
## FALSE FALSE FALSE FALSE FALSE FALSE FALSE
## FALSE FALSE FALSE
```

このテストの結果は専用のオブジェクトに保存します。こうすると、結果を操作しやすくなります。

```
queenOfSpades <- deck4$face == "queen" & deck4$suit == "spades"
```

次に、このテストを添字として使ってスペードのクイーンのポイントを選択します。テスト結果で正しい値が選択できることを確かめましょう。

```
deck4[queenOfSpades, ]
##    face   suit value
##   queen spades     0

deck4$value[queenOfSpades]
## 0
```

スペードのクイーンが見つかったので、その値を更新します。

```
deck4$value[queenOfSpades] <- 13

deck4[queenOfSpades, ]
##     face   suit value
##    queen spades    13
```

これでデッキはハーツ対応になりました。

練習問題

論理テストのコツがつかめたと感じたら、次の文章をRコードで書かれたテストに書き換えてみてください。仕事がしやすくなるように、文章のあとに解答のテストに使えるオブジェクトを定義してあります。

- wは正か？
- xは10よりも大きく20よりも小さいか？

- オブジェクト y は February という単語か？
- z に含まれているすべての値は曜日か？

```
w <- c(-1, 0, 1)
x <- c(5, 15)
y <- "February"
z <- c("Monday", "Tuesday", "Friday")
```

模範解答は次の通りです。引っかかったときには、R が論理値を使った論理テストをどのように評価するかを読み直してください。

```
w > 0
10 < x & x < 20
y == "February"
all(z %in% c("Monday", "Tuesday", "Wednesday", "Thursday", "Friday",
  "Saturday", "Sunday"))
```

最後に、ブラックジャックについて考えましょう。ブラックジャックでは、数値カードはフェイスと同じポイントを持っています。フェイスカード（キング、クイーン、ジャック）のポイントは 10 です。最後に、エースはゲームの最終結果次第で 11 か 1 になります。

deck の真新しいコピーを作るところから始めましょう。そうすると、数値カード（2 から 10）は、正しいポイントになっている状態で始められます。

```
deck5 <- deck

head(deck5, 13)
##     face   suit value
## 1   king spades    13
## 2  queen spades    12
## 3   jack spades    11
## 4    ten spades    10
## 5   nine spades     9
## 6  eight spades     8
## 7  seven spades     7
## 8    six spades     6
## 9   five spades     5
## 10  four spades     4
## 11 three spades     3
## 12   two spades     2
## 13   ace spades     1
```

フェイスカードのポイントは、%in% を使えばまとめて変更できます。

```
facecard <- deck5$face %in% c("king", "queen", "jack")

deck5[facecard, ]
##     face     suit value
## 1   king   spades    13
## 2  queen   spades    12
## 3   jack   spades    11
## 14  king    clubs    13
## 15 queen    clubs    12
## 16  jack    clubs    11
## 27  king diamonds    13
## 28 queen diamonds    12
## 29  jack diamonds    11
## 40  king   hearts    13
## 41 queen   hearts    12
## 42  jack   hearts    11

deck5$value[facecard] <- 10

head(deck5, 13)
##     face   suit value
## 1   king spades    10
## 2  queen spades    10
## 3   jack spades    10
## 4    ten spades    10
## 5   nine spades     9
## 6  eight spades     8
## 7  seven spades     7
## 8    six spades     6
## 9   five spades     5
## 10  four spades     4
## 11 three spades     3
## 12   two spades     2
## 13   ace spades     1
```

あとはエースの値を修正するだけですが…どうしますか？ エースの実際の値は手によって変わるので、エースにどの値を与えればよいかを決めるのは難しいところです。それぞれの最終的な手で、カードの合計が21を超えなければ、エースは11になります。そうでなければ、エースは1になります。エースの実際の値は、プレーヤーの手の内にあるほかのカードによって決まります。これは欠損情報があるという条件です。この場合、エースに正しいポイントを与えるために必要な情報が揃っていないのです。

5.3 欠損情報

データサイエンスでは、欠損情報の問題は頻発します。通常、欠損情報はもっと単純な形です。つまり、測定結果が失われた、壊れた、あるいは最初から測定していないといった理由で値がわからないということです。Rは、こういった欠損情報の管理をサポートする手段を持っています。

Rには、NAという特殊記号があります。これは、「not available」（利用不可）という意味であり、欠損情報のプレースホルダとして使うことができます。Rは、プログラマが欠損情報をこのように扱いたいと思う通りにNAを扱います。たとえば、欠損情報に1を加えたらどうなってほしいと思いますか。

```
1 + NA
## NA
```

Rは第2の欠損情報を返します。不明な値が0でない可能性が十分にあるので、`1 + NA = 1`と決めつけてしまうのは正しくないでしょう。結果を判断できるだけの情報がないのです。

それでは、欠損情報が1に等しいかどうかをテストしたときにはどうなるでしょうか。

```
NA == 1
## NA
```

ここでも、答えは「この値が1に等しいかどうかはわからない」、すなわちNAになります。一般に、Rの演算や関数でNAを使うと、結果にもNAが伝染します。この動作のおかげで、不明データによる誤りを犯さずに済んでいるのです。

5.3.1 na.rm

欠損値はデータセットの落とし穴にはまらないようにしてくれますが、イライラさせられる問題の原因になることもあります。たとえば、1000個の観察データを集め、Rのmean関数でその平均を取りたいと思ったとします。しかし、1000個の中に1個でもNAが含まれていれば、結果はNAになってしまいます。

```
c(NA, 1:50)
## NA  1  2  3  4  5  6  7  8  9 10 11 12 13 14 15 16
## 17 18 19 20 21 22 23 24 25 26 27 28 29 30 31 32 33
## 34 35 36 37 38 39 40 41 42 43 44 45 46 47 48 49 50

mean(c(NA, 1:50))
## NA
```

このような結果を望んでいないこともあるはずです。ほとんどのR関数は、NA remove（削除）という意味の`na.rm`というオプション引数をサポートしています。`na.rm = TRUE`という引数を追加すると、Rが関数を評価するときに、NAは無視されます。

```
mean(c(NA, 1:50), na.rm = TRUE)
## 25.5
```

5.3.2 is.na

比較演算子でデータセットの中のNAを見つけたいと思う場合もあるかもしれませんが、それもまた問題の原因になります。どうすればよいのでしょうか。何かが欠損値なら、それを使った論理テストは、次のものを含めてすべて欠損値を返します。

```
NA == NA
## NA
```

そのため、次のようなテストをしても、欠損値の検出には役に立ちません。

```
c(1, 2, 3, NA) == NA
## NA NA NA NA
```

しかし、あまり気にしすぎる必要はありません。Rは、値がNAかどうかをテストできる特別な関数を提供しています。この関数には、`is.na`というもっともな名前が付けられています。

```
is.na(NA)
## TRUE

vec <- c(1, 2, 3, NA)
is.na(vec)
## FALSE FALSE FALSE  TRUE
```

そこで、すべてのエースのポイントをNAにしましょう。こうすると、2つの効果が得られます。まず、個々のエースの最終的な値がわかっていないことを思い出すことができます。もう1つは、エースの最終的な値を確かめずにエースの含まれている手のスコアが決まってしまうことを防げます。

エースのポイントは、ほかの数値をセットするときと同じようにNAにすることができます。

```
deck5$value[deck5$face == "ace"] <- NA

head(deck5, 13)
##     face   suit value
## 1   king spades    10
## 2  queen spades    10
## 3   jack spades    10
## 4    ten spades    10
## 5   nine spades     9
## 6  eight spades     8
## 7  seven spades     7
```

```
## 8     six spades    6
## 9    five spades    5
## 10   four spades    4
## 11  three spades    3
## 12    two spades    2
## 13    ace spades   NA
```

おめでとうございます。これで手元のデッキはブラックジャックをプレイできるように更新されました。

5.4　まとめ

Rの記法と割り当て演算子の <- を組み合わせれば、Rオブジェクトの中の値をその場で書き換えることができます。これを利用すれば、データを更新したり、データセットをクリーニングしたりすることができます。

大規模なデータセットを操作するときには、値を取得、設定しようとするだけでロジスティクス上の問題が起こります。データ全体から取得、設定したい値を探して見つけ出すためにはどうすればよいのでしょうか。Rでは、論理添字を使うことができます。比較、ブール演算子で論理テストを作り、そのテストをRの角カッコ記法の添字として使うのです。Rは、探している値がどこにあるかを自分自身が知らなくても、その値を返します。

Rのプログラマの関心事は個別の値の取得だけに限りません。データセット全体を取り出さなければならない場合があります。たとえば、関数の中でデータセットを呼び出す場合です。6章では、Rが環境システムの中でデータセット、その他のRオブジェクトををルックアップ、保存する仕組みを説明します。そして、その知識を使って deal、shuffle 関数の問題点を解決します。

6章
環境

手元のデッキはブラックジャック（あるいはハーツ、戦争）に対応できるようになりましたが、shuffle、deal関数はそのレベルについていけているでしょうか。全然ダメです。たとえば、dealは同じカードを繰り返し配っています。

```
deal(deck)
##    face   suit value
##    king spades    13

deal(deck)
##    face   suit value
##    king spades    13

deal(deck)
##    face   suit value
##    king spades    13
```

そして、shuffle関数は、実際にdeckをシャッフルしているわけではありません。シャッフルされたdeckのコピーを返しているだけです。一言で言えば、この2つの関数は、deckを使ってはいるもののdeckを操作していません。しかし、本当はdeckを操作したいのです。

2つの関数を修正するためには、Rがdeckのようなオブジェクトをどのようにして格納、検索、操作しているかを理解する必要があります。Rは、環境システムの力を借りてこれらのことを行っています。

6.1 環境

コンピュータがファイルをどのように格納しているのかについて少し考えてみましょう。すべてのファイルはフォルダに格納され、それらのフォルダはほかのフォルダに格納されて、全体として階層的なファイルシステムを形成しています。コンピュータがあるファイルを開こうとするときには、まずこのファイルシステムの中でファイルを検索しなければなりません。

ファイルシステムは、Finder（Mac）やエクスプローラ（Windows）を開けば見ることができます。たとえば、**図6-1**は、私のコンピュータのファイルシステムの一部を示しています。フォルダは山ほどありますが、その中の1つとしてDocumentsというものがあります。その中にはggsubplotというサブフォルダがあり、さらにその中にはinst、そしてその中にdocというサブフォルダがあって、docの中にはmanual.pdfというファイルがあります。

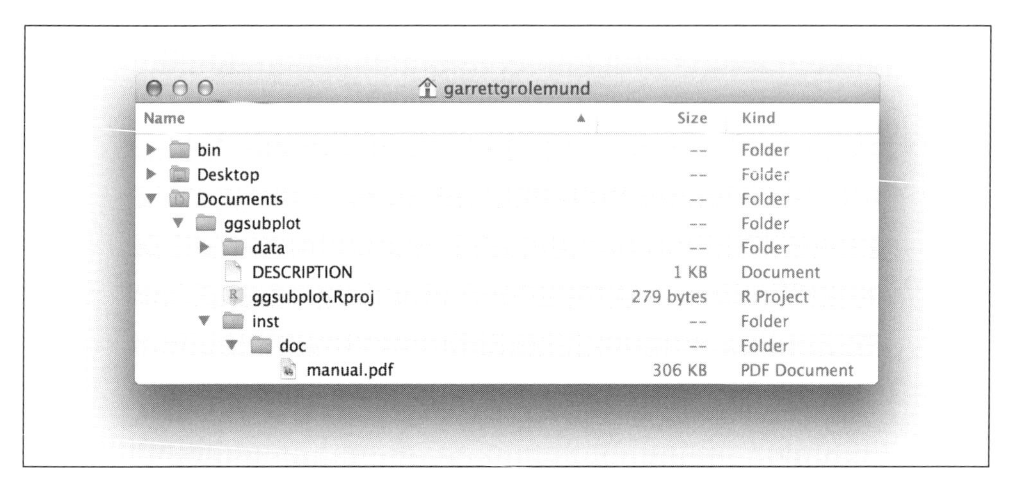

図6-1　ファイルは、フォルダとサブフォルダの階層構造の中に収められている。ファイルを見るためには、ファイルシステムのどこにそのファイルが格納されているのかを調べなければならない。

Rも同じようなシステムを使ってRオブジェクトを格納しています。個々のオブジェクトは環境の中に格納されます。環境はリスト風のオブジェクトで、コンピュータのフォルダと似ています。各環境は、**親環境**という上位の環境に接続されており、環境の階層構造が形成されています。

Rの環境システムは、pryrパッケージのparenvs関数で見ることができます。parenvs(all = TRUE)を呼び出せば、Rセッションが使っている環境のリストが返されます。実際の出力は、どのパッケージをロードしているかによってセッションごとに異なりますが、私の現在のセッションの出力は次の通りです。

```
library(pryr)
parenvs(all = TRUE)
##   label                             name
## 1 <environment: R_GlobalEnv>        ""
## 2 <environment: package:pryr>       "package:pryr"
## 3 <environment: 0x7fff3321c388>     "tools:rstudio"
## 4 <environment: package:stats>      "package:stats"
## 5 <environment: package:graphics>   "package:graphics"
## 6 <environment: package:grDevices>  "package:grDevices"
## 7 <environment: package:utils>      "package:utils"
## 8 <environment: package:datasets>   "package:datasets"
## 9 <environment: package:methods>    "package:methods"
```

```
## 10 <environment: 0x7fff3193dab0>    "Autoloads"
## 11 <environment: base>              ""
## 12 <environment: R_EmptyEnv>        ""
```

この出力の解釈にはちょっと想像力が必要なので、**図6-2**のようにフォルダシステムとして環境を可視化してみましょう。環境ツリーはこのようなものだと考えてかまいません。最下位にあるR_GlobalEnvという環境は、package:pryrという名前の環境に格納され、package:pryrは0x7fff3321c388という名前の環境に格納されています。このような階層構造が続いて最終的に最上位の環境、R_EmptyEnvにたどり着くわけです。R_EmptyEnvは、親環境を持たない唯一のR環境です。

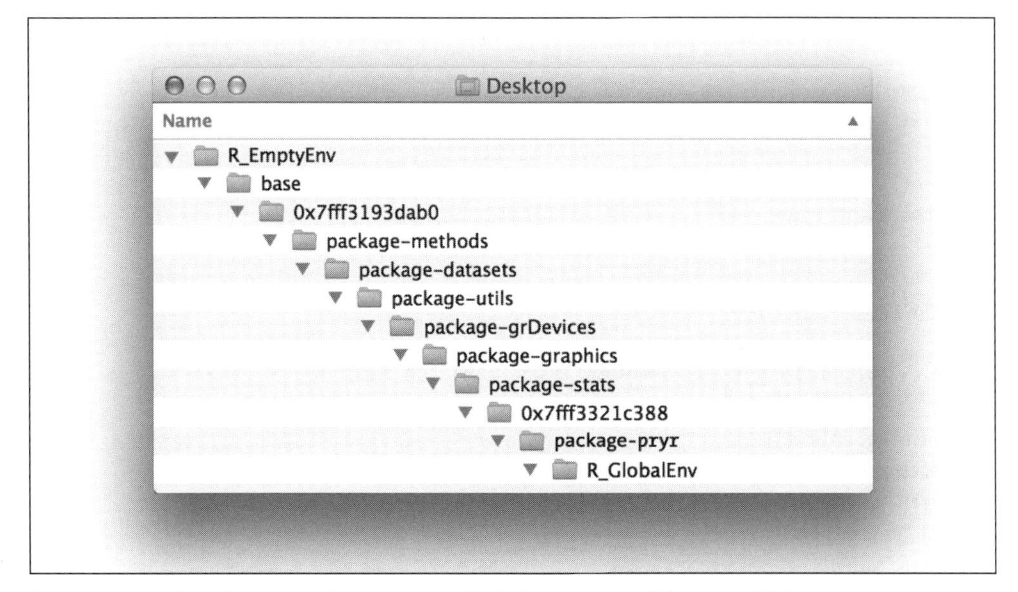

図6-2 Rはコンピュータのファイルシステムとよく似た環境ツリーにRオブジェクトを格納している。

ここで示した例は比喩に過ぎません。Rの環境は、ファイルシステムではなく、RAMの中にあります。また、Rの環境は厳密に言えば順々に格納されているわけではなく、親環境に接続されているだけです。この接続によってRの環境ツリーは検索しやすくなっています。しかし、この接続は片方向です。ある環境からその「子どもたち」を調べることはできません。そのため、Rの環境ツリーを下に辿っていくことはできません。しかし、それ以外の点では、Rの環境システムはファイルシステムとよく似ています。

6.2 環境の操作

Rには、環境ツリーを探るためのヘルパー関数が含まれています。まず、as.environmentを使うと、木構造に含まれる環境の情報が見られます。as.environmentは、引数として環境名（文字列形式）を取り、対応する環境の情報を返します。

```
as.environment("package:stats")
## <environment: package:stats>
## attr(,"name")
## [1] "package:stats"
## attr(,"path")
## [1] "/Library/Frameworks/R.framework/Versions/3.1/Resources/library/stats"
```

また、木構造の中の3つの環境は、専用の関数を持っています。3つとは、グローバル環境（R_GlobalEnv）、ベース環境（base）、空環境（R_EmptyEnv）のことです。3つの環境は、次のようにして参照することができます。

```
globalenv()
## <environment: R_GlobalEnv>

baseenv()
## <environment: base>

emptyenv()
## <environment: R_EmptyEnv>
```

さらに、parent.envを使うと、親環境を見ることができます。

```
parent.env(globalenv())
## <environment: package:pryr>
## attr(,"name")
## [1] "package:pryr"
## attr(,"path")
## [1] "/Library/Frameworks/R.framework/Versions/3.1/Resources/library/pryr"
```

空環境は、唯一親のないR環境だということもわかります。

```
parent.env(emptyenv())
## 以下にエラー parent.env(emptyenv()) :  空の環境は親を持ちません
```

環境に格納されているオブジェクトは、lsまたはls.strで表示できます。lsはオブジェクト名だけを返しますが、ls.strは各オブジェクトの構造についての情報を少し表示します。

```
ls(emptyenv())
## character(0)

ls(globalenv())
## "deal"    "deck"    "deck2"   "deck3"   "deck4"   "deck5"
```

```
## "die"     "gender" "hand"    "lst"     "mat"     "mil"
## "new"     "now"    "shuffle" "vec"
```

空環境は、当然ですが名前の通り、空です。ベース環境はオブジェクトが多すぎてここではとても示すことができません。グローバル環境には、おなじみのものが含まれています。過去に作成したオブジェクトはすべてここに格納されています。

RStudioの「Environment」ペインは、グローバル環境に含まれるすべてのオブジェクトを表示します。

特定の環境のオブジェクトにアクセスするにはRの$構文を使います。たとえば、グローバル環境のdeckオブジェクトには、次のようにしてアクセスします。

```
head(globalenv()$deck, 3)
##    face   suit value
## 1  king spades    13
## 2 queen spades    12
## 3  jack spades    11
```

そして、assign関数を使えば、オブジェクトを特定の環境に格納できます。assignには、まず新しいオブジェクトの名前を文字列形式で渡し、次に新しいオブジェクトの値、最後にオブジェクトを格納する環境を渡します。

```
assign("new", "Hello Global", envir = globalenv())

globalenv()$new
## "Hello Global"
```

assignが<-と同じ動きをすることに注意してください。指定された環境に指定された名前のオブジェクトがすでに存在する場合、assignは許可を求めずに上書きします。そのため、assignでオブジェクトを更新することもできますが、心臓に悪いことを引き起こすおそれもあります。

Rの環境ツリーを探れるようになったので、Rが環境をどのように使っているのかをじっくりと見ていきましょう。Rは、オブジェクトの検索、格納、評価のために環境ツリーと密接なやり取りをします。Rがこれらの課題をどのように実行するかは、そのときのアクティブ環境によって左右されます。

6.2.1　アクティブな環境

Rは、いつもある1つの環境と密接にやり取りをします。Rはこの環境に新しいオブジェクトを格納し（オブジェクトを作った場合）、この環境を出発点として既存のオブジェクトを検索します

(オブジェクトを呼び出した場合)。この特別な環境のことを**アクティブ環境**と呼ぶことにします。通常、アクティブ環境はグローバル環境ですが、関数を実行したときに変わることがあります。

environmentを使うと、現在のアクティブ環境がどれかがわかります。

```
environment()
<environment: R_GlobalEnv>
```

グローバル環境は、Rで特別な役割を果たします。コマンドラインで実行するすべてのコマンドのアクティブ環境なのです。そのため、コマンドラインで作ったオブジェクトは、グローバル環境に格納されます。グローバル環境は、ユーザーワークスペースだと考えることができます。

コマンドラインでオブジェクトを呼び出すと、Rはまずグローバル環境でオブジェクトを探します。しかし、オブジェクトがそこになければどうするのでしょうか。その場合は、一連の規則に従ってオブジェクトを検索します。

6.3 スコープルール

Rは、一連の特別な規則に従ってオブジェクトを検索します。この規則をRのスコープルールと呼びますが、そのうちの2つはすでに取り上げています。

1. Rは現在のアクティブ環境でオブジェクトを探す。
2. コマンドラインで作業をしているときには、アクティブ環境はグローバル環境である。そのため、コマンドラインで呼び出したオブジェクトは、グローバル環境で検索される。

そして、アクティブ環境にないオブジェクトの検索方法を規定する第3の規則があります。

3. ある環境でオブジェクトを見つけられなければ、Rはその環境の親環境で検索する。それでもなければ親の親、さらにその親を次々に検索していく。オブジェクトが見つかるか、空環境に到達すると検索は終わる。

そこで、コマンドラインでオブジェクトを呼び出すと、Rはグローバル環境でオブジェクトを探します。そこでオブジェクトが見つからなければ、Rはグローバル環境の親を探します。そこでも見つからなければ、親の親、さらにその親というように、オブジェクトが見つかるまで環境を上がっていきます。**図6-3**はこれを図示したものです。どの環境でもオブジェクトが見つからなければ、オブジェクトが見つからなかったというエラーが返されます。

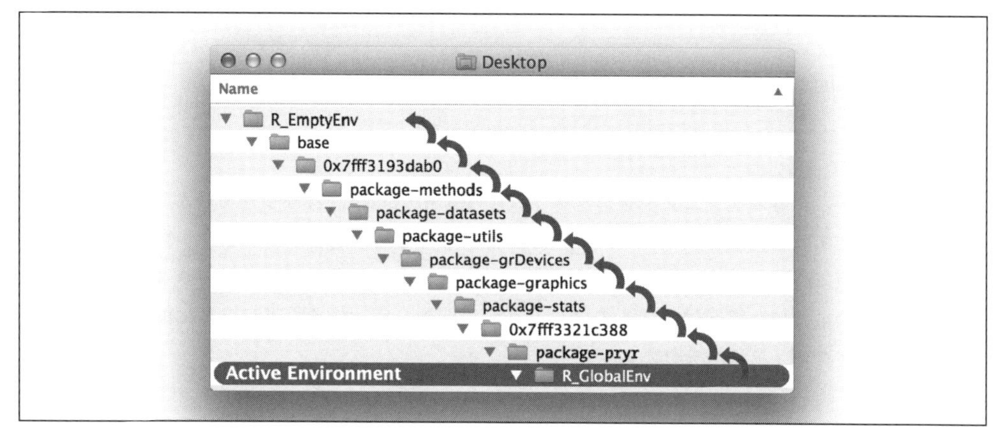

図6-3　Rはアクティブ環境で名前を使ってオブジェクトを探す。この場合、アクティブ環境はグローバル環境である。そこでオブジェクトが見つからなければ、現在の環境の親環境で検索を探す。オブジェクトが見つかるか、空環境に達するまで、親の親、さらにその親というように検索を続ける。

Rでは、関数はオブジェクトの一種だということを覚えておいてください。Rはほかのオブジェクトを検索、格納するのと同じように、環境ツリー内で名前を使って関数を探し、その内容を実行したり、関数自体を格納したりします。

6.4　割り当て

オブジェクトに値を割り当てると、Rはアクティブ環境でオブジェクトの名前のもとにその値を格納します。アクティブ環境にすでに同名のオブジェクトが存在する場合には、Rはそれを上書きします。

たとえば、newという名前のオブジェクトがグローバル環境にあるとします。

```
new
## "Hello Global"
```

次のコマンドを実行すれば、newという名前の新しいオブジェクトをグローバル環境に格納できます。その結果、古いオブジェクトは上書きされます。

```
new <- "Hello Active"

new
## "Hello Active"
```

この動作は、Rが関数を実行するたびに難題を引き起こします。多くの関数は、仕事の便宜上、一時オブジェクトを保存します。たとえば、第I部のroll関数は、dieというオブジェクトとdiceというオブジェクトを保存していました。

```
roll <- function() {
  die <- 1:6
  dice <- sample(die, size = 2, replace = TRUE)
  sum(dice)
}
```

Rは、これらの一時オブジェクトをアクティブ環境に格納しなければなりません。しかし、Rがそのように動作すると、既存のオブジェクトを上書きしてしまう場合があります。関数の作者は、アクティブ環境に既に存在する名前がどのようなものかを先に推測することはできません。Rはこのリスクをどのようにして避けているのでしょうか。関数を実行するたびに、Rは関数を評価するための新しいアクティブ環境を作るのです。

6.5 評価

Rは、関数を評価するたびに、新しい環境を作ります。関数を実行している間は、この新しい環境をアクティブ環境として使い、関数の実行が終わると、関数の実行結果とともに関数を呼び出した環境に戻ります。実行時にRは関数を評価するために新環境を作るので、このような新しい環境のことを**実行時環境**と呼ぶことにしましょう。

Rの実行時環境は、次の関数を使って探ることにします。私たちは、環境がどのようになっているのか、親環境は何なのか、環境がどのようなオブジェクトを格納しているのかといったことを知りたいと思っています。show_envは、それを教えてくれるように設計されています。

```
show_env <- function(){
  list(ran.in = environment(),
    parent = parent.env(environment()),
    objects = ls.str(environment()))
}
```

show_envはそれ自体も関数なので、これを呼び出すと、Rは関数を評価するための実行時環境を作ります。そのため、show_envの結果を見ると、実行時環境の名前、親環境、実行時環境に含まれているオブジェクトがわかります。

```
show_env()
## $ran.in
## <environment: 0x7ff711d12e28>
##
## $parent
## <environment: R_GlobalEnv>
##
## $objects
```

この結果からは、Rがshow_env()を実行するために0x7ff711d12e28という名前の新環境を作っていることが明らかになります。環境はオブジェクトを持っておらず、その親はグローバル環境です。そこで、show_env を実行するために、R の環境ツリーは**図 6-4** のようになっていたことがわかります。

それでは、show_env をもう一度実行しましょう。

```
show_env()
## $ran.in
## <environment: 0x7ff715f49808>
##
## $parent
## <environment: R_GlobalEnv>
##
## $objects
```

今回は、show_env は 0x7ff715f49808 という新しい環境で実行されています。R は、自分が関数を実行するたびに新しい環境を作っているのです。0x7ff715f49808 環境の内容は、0x7ff711d12e28 とまったく同じです。内容は空で、親は同じグローバル環境です。

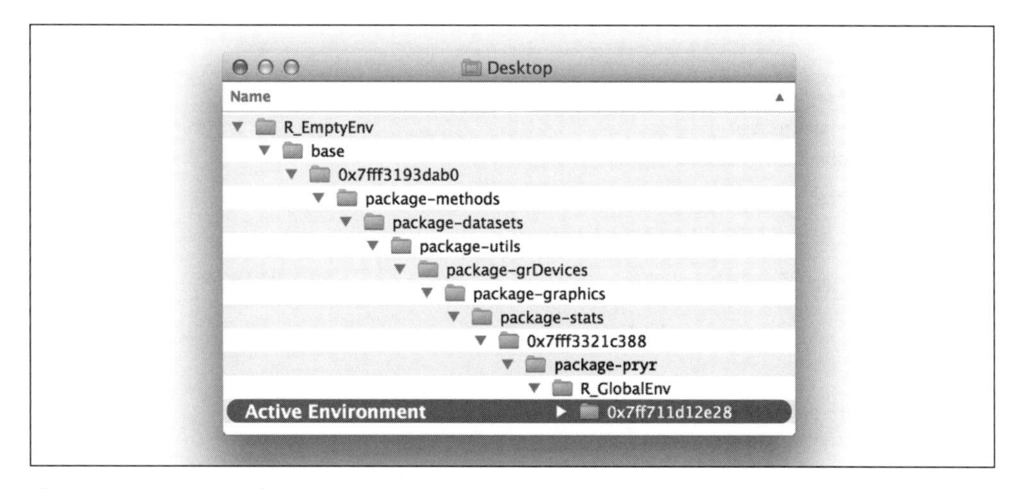

図6-4 Rは、show_envを実行するために新しい環境を作る。この環境はグローバル環境の子である。

では、R が実行時環境の親として使う環境がどれなのかについて考えてみましょう。

R は、関数が**最初に作られた**環境に関数の実行時環境を接続します。この環境は関数のすべての実行時環境が親として使うものであり、関数の生涯で重要な役割を果たします。この環境を**オリジン環境**と呼ぶことにしましょう。関数のオリジン環境は、関数を引数として environment を実行すれば返されます。

```
environment(show_env)
## <environment: R_GlobalEnv>
```

show_env はコマンドラインで作られているので、show_env のオリジン環境はグローバル環境です。しかし、オリジン環境はグローバル環境でなければならないわけではありません。たとえば、parenvs のオリジン環境は pryr パッケージです。

```
environment(parenvs)
## <environment: namespace:pryr>
```

つまり、実行時環境の親はいつもグローバル環境とは限らないということです。関数が初めて作られた環境が実行時環境の親です。

最後に、実行時環境に含まれているオブジェクトを見てみましょう。現在のところ、show_env の実行時環境にはオブジェクトはありませんが、それは簡単に変えられます。show_env のコード本体で何らかのオブジェクトを作ればよいのです。R は show_env が作ったオブジェクトを実行時環境に格納します。なぜでしょうか。実行時環境はそれらのオブジェクトが作られたときのアクティブ環境だからです。

```
show_env <- function(){
  a <- 1
  b <- 2
  c <- 3
  list(ran.in = environment(),
    parent = parent.env(environment()),
    objects = ls.str(environment()))
}
```

今度は、show_env を実行したときに、R は実行時環境に a、b、c を格納します。

```
show_env()
## $ran.in
## <environment: 0x7ff712312cd0>
##
## $parent
## <environment: R_GlobalEnv>
##
## $objects
## a :  num 1
## b :  num 2
## c :  num 3
```

関数が上書きすべきでないものを上書きしないようにしている仕組みはこの通りです。関数に作られたオブジェクトは、安全で隔離された実行時環境に格納されるのです。

R は、実行時環境に第 2 のタイプのオブジェクトも作ります。関数が引数を持つ場合、R は個々の引数を実行時環境にコピーするのです。引数は、引数名を名前とするオブジェクトになりますが、値はユーザーが引数に対して与えた入力になります。このような方法によって、関数が個々の引数を見つけて使えるようにしているのです。

```
foo <- "take me to your runtime"

show_env <- function(x = foo){
  list(ran.in = environment(),
    parent = parent.env(environment()),
    objects = ls.str(environment()))
}

show_env()
## $ran.in
## <environment: 0x7ff712398958>
##
## $parent
## <environment: R_GlobalEnv>
##
## $objects
## x : chr "take me to your runtime"
```

これをすべてまとめてRが関数をどのように評価するのかを見てみましょう。関数を呼び出す前、Rはアクティブ環境で仕事をしています。これを**呼び出し元環境**と呼ぶことにしましょう。これはRが関数を呼び出す環境です。

そして関数呼び出しが発生します。Rは、新しい実行時環境を作ります。この環境は、関数のオリジン環境の子になります。Rは、個々の関数の引数を実行時環境にコピーし、それから実行時環境を新しいアクティブ環境にします。

次に、Rは関数本体のコードを実行します。コードがオブジェクトを作っている場合、Rはそれをアクティブ環境、つまり実行時環境に格納します。コードがオブジェクトを呼び出すと、Rはスコープルールに従ってそのオブジェクトを探します。Rはまず実行時環境を探し、次に実行時環境の親（つまり、オリジン環境）、さらにオリジン環境の親、そのまた親というように移っていきます。呼び出し元環境は検索パスに入らないことがあることに注意します。通常、関数は引数しか呼び出しませんが、引数はアクティブになっている実行時環境で見つけることができます。

最後に、Rは関数の実行を終了します。すると、Rはアクティブ環境を呼び出し元環境に戻します。そして、Rは関数を呼び出したコードのほかのコマンドを実行します。そこで、`<-` を使って関数の実行結果をオブジェクトに保存した場合、新しいオブジェクトは呼び出し元環境に格納されます。

復習すると、Rは環境システムにオブジェクトを格納します。いつでも、Rは1つのアクティブ環境と密接にやり取りをします。新しいオブジェクトはこの環境に格納され、既存のオブジェクトを検索するときにはこの環境が出発点になります。Rのアクティブ環境は、通常はグローバル環境ですが、Rは関数の安全な実行などのためにアクティブ環境に調整を加えるのです。

では、この知識がdeal、shuffle関数の修正にどのように役立つのでしょうか。

まず、肩慣らしの問題から始めましょう。コマンドラインでdealを次のように定義し直したとします。

```
deal <- function() {
  deck[1, ]
}
```

dealはもう引数を取らず、グローバル環境にあるdeckオブジェクトを呼び出しています。

練習問題

新しいバージョンのdealをdeal()のようにして呼び出したとき、Rはdeckを見つけて答えを返せるでしょうか?

返すことができます。dealはまだ以前と同じように動作します。Rはグローバル環境の子である実行時環境でdealを実行します。実行時環境はなぜグローバル環境の子になるのでしょうか。それは、グローバル環境がdealのオリジン環境だからです(私たちはグローバル環境でdealを定義しています)。

```
environment(deal)
## <environment: R_GlobalEnv>
```

dealがdeckを呼び出すと、Rはdeckオブジェクトを探さなければなりません。Rのスコープルールに従うと、**図6-5**に示すように、グローバル環境のdeckに行き当たります。その結果、dealは期待通りに動作します。

```
deal()
##   face   suit value
## 1 king spades    13
```

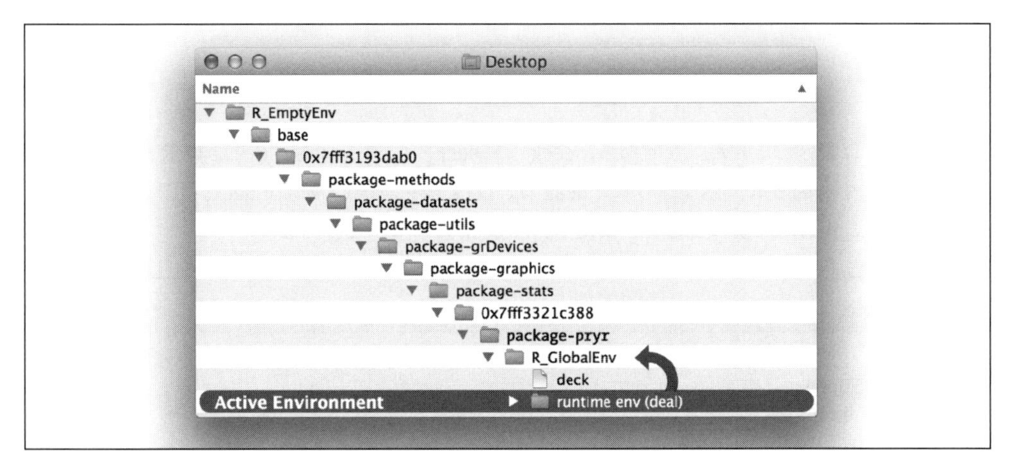

図6-5 Rはdealの実行時環境の親のところでdeckを見つける。この親というのはグローバル環境であり、dealのオリジン環境でもある。Rがdeckを見つけるのはそういう場所である。

では次に、deckからディールしたカードを取り除くようにdealを書き直しましょう。dealはデッキの最上位のカードを返すものの、そのカードをデッキから取り除いていないことを思い出してください。そのため、dealはいつも同じカードを返しています。

```
deal()
##   face   suit value
## 1 king spades    13

deal()
##   face   suit value
## 1 king spades    13
```

しかし、もう読者はRの構文についてデッキの最上位のカードを取り除けるだけの知識を持っています。次のコードは、deckの汚れのないコピーを残してから最上位のカードを削除します。

```
DECK <- deck

deck <- deck[-1, ]

head(deck, 3)
```

では、dealにこのコードを追加しましょう。次のコードでは、dealはdeckの最上位のカードを保存してそれを返しています。その過程でdeckからそのカードを取り除いています…。本当でしょうか。

```
deal <- function() {
  card <- deck[1, ]
```

```
  deck <- deck[-1, ]
  card
}
```

このコードは動作しません。なぜなら、deck <- deck[-1,] を実行するときにRが実行時環境にいるからです。**図6-6**に示すように、dealは、deckのグローバル版をdeck[-1,]に書き換えるのではなく、実行時環境に少し書き換えられたdeckのコピーを作ります。

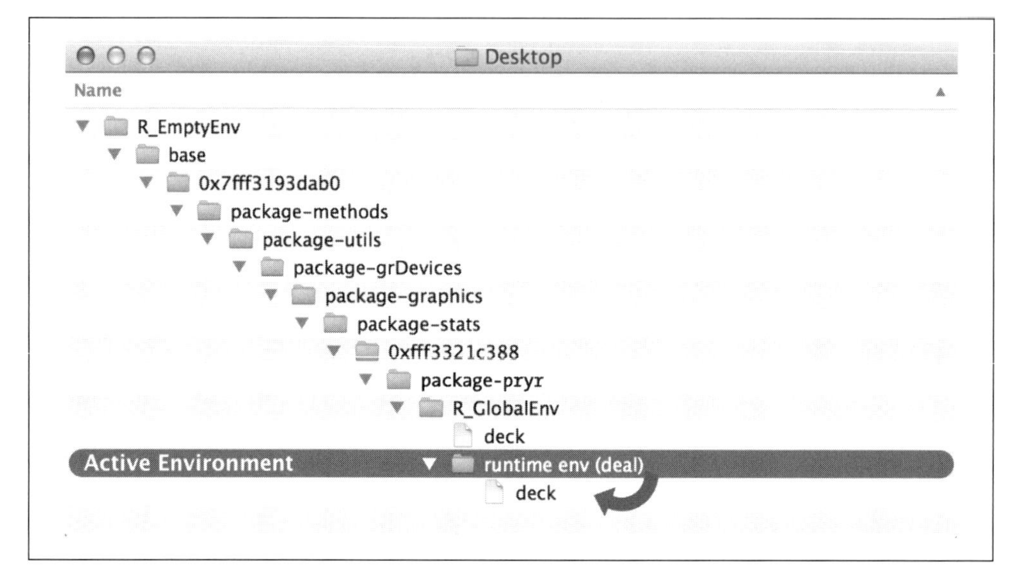

図6-6　deal関数はグローバル環境のdeckを読み込むが、deck[-1,]は実行時環境にdeckという名前の新しいオブジェクトとして保存される。

練習問題

dealのdeck <- deck[-1,]の行を書き直し、グローバル環境のdeckにdeck[-1,]を割り当ててください。ヒント：assign関数を使うとよいでしょう。

assign関数を使えば、特定の環境のオブジェクトに割り当てることができます。

```
deal <- function() {
  card <- deck[1, ]
  assign("deck", deck[-1, ], envir = globalenv())
  card
}
```

これで deal はついに deck のグローバルコピーからカードを削除し、現実の世界でカードを配るときと同じようにカードを配れるようになります。

```
deal()
##      face   suit value
## 2 queen spades    12

deal()
##    face   suit value
## 3 jack spades    11

deal()
##    face   suit value
## 4  ten spades    10
```

では、次に shuffle 関数を修正しましょう。

```
shuffle <- function(cards) {
  random <- sample(1:52, size = 52)
  cards[random, ]
}
```

shuffle(deck) は deck オブジェクトをシャッフルするわけではありません。deck オブジェクトのコピーをシャッフルして返します。

```
head(deck, 3)
##      face   suit value
##      nine spades     9
##     eight spades     8
##     seven spades     7

a <- shuffle(deck)

head(deck, 3)
##      face   suit value
##      nine spades     9
##     eight spades     8
##     seven spades     7

head(a, 3)
##   face     suit value
##     ace diamonds     1
## seven    clubs     7
##    two    clubs     2
```

この動作には、望ましくない点が2つあります。まず、shuffleはdeckをシャッフルしていません。第二に、shuffleはdeckのコピーを返していますが、deckからはディールしたカードが取り除かれている可能性があります。shuffleは、ディールしたカードもデッキに戻した上でシャッフルした方がよいでしょう。現実の世界のトランプのデッキをシャッフルするときにもそうするはずです。

練習問題

グローバル環境のdeckをシャッフルしたDECK（同じくグローバル環境にある未操作のdeckのコピー）に置き換えるようにshuffleを書き換えてください。新バージョンのshuffleは引数を取らず、出力も返さないものとします。

shuffleは、dealを書き換えたのと同じような方法で書き換えることができます。次のバージョンは求められた通りの動作をします。

```
shuffle <- function(){
  random <- sample(1:52, size = 52)
  assign("deck", DECK[random, ], envir = globalenv())
}
```

DECKはグローバル環境、すなわちshuffleのオリジン環境にあるので、shuffleは実行時にDECKを見つけることができます。Rは、まずshuffleの実行時環境でDECKを探し、次にDECKが格納されているshuffleのオリジン環境（グローバル環境）で検索をします。

shuffleの第2行は、順序を変えたDECKを作り、それをグローバル環境のdeckとして保存します。これにより、deckのシャッフルされていない元のバージョンは上書きされます。

6.6 クロージャ

手元のプログラムはついに動かせるようになりました。たとえば、次のようにすれば、トランプをシャッフルして、ブラックジャックの手札をディールすることができます。

```
shuffle()

deal()
##      face   suit value
## 41 queen hearts    12

deal()
##      face   suit value
## 45 eight hearts     8
```

ただし、このシステムはグローバル環境にdeckとDECKがなければ動作しません。この環境では多くのことが起きるので、deckが誤って書き換えられたり削除されたりする可能性があります。

Rが関数を実行するために作る隔離環境のように、安全で隔離された場所にdeckを格納できれば、もっとよくなるのではないでしょうか。実際、実行時環境にdeckを格納するのはそれほど悪いアイデアではありません。

たとえば、引数としてdeckを取り、そのコピーをDECKとして保存する関数を作る方法があります。この関数は、dealとshuffleの自分用のコピーも保存します。

```
setup <- function(deck) {
  DECK <- deck

  DEAL <- function() {
    card <- deck[1, ]
    assign("deck", deck[-1, ], envir = globalenv())
    card
  }

  SHUFFLE <- function(){
    random <- sample(1:52, size = 52)
    assign("deck", DECK[random, ], envir = globalenv())
  }
}
```

setupを実行すると、Rはこれらのオブジェクトを格納する実行時環境を作ります。環境は図**6-7**に示すようになります。

こうすると、すべてのものがグローバル環境の子環境に安全に隔離されます。こうすると安全にはなりますが、使いにくくなります。setupがDEALとSHUFFLEを返すようにして、関数を使えるようにしてみましょう。2つの関数をリストにまとめて返すのがもっともよい方法です。

```
setup <- function(deck) {
  DECK <- deck

  DEAL <- function() {
    card <- deck[1, ]
    assign("deck", deck[-1, ], envir = globalenv())
    card
  }

  SHUFFLE <- function(){
    random <- sample(1:52, size = 52)
    assign("deck", DECK[random, ], envir = globalenv())
  }
  list(deal = DEAL, shuffle = SHUFFLE)
}

cards <- setup(deck)
```

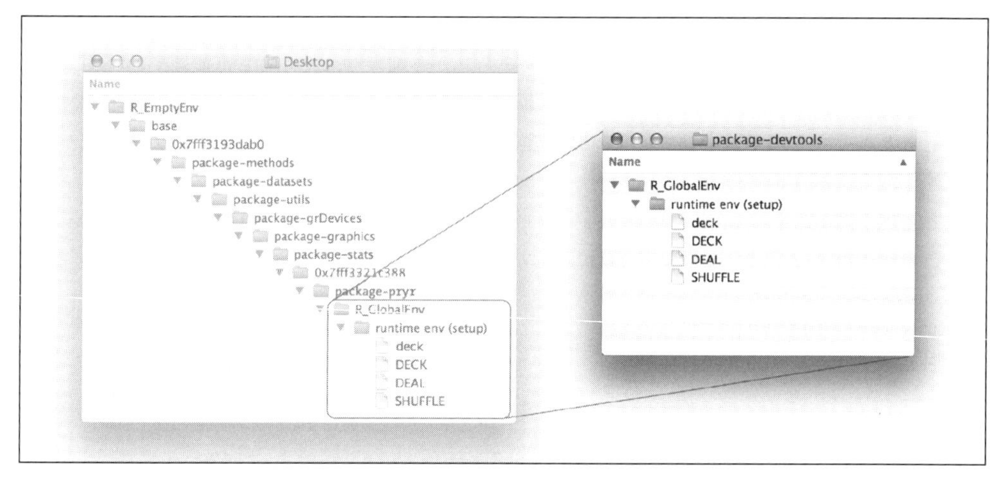

図6-7　setupを実行すると、deckとDECKは隔離された場所に格納され、DEAL、SHUFFLE関数が作られる。これらのオブジェクトは、グローバル環境を親とする環境に格納される。

こうすると、リストの各要素をグローバル環境の専用オブジェクトに格納できます。

```
deal <- cards$deal
shuffle <- cards$shuffle
```

これで、dealとshuffleを以前と同じように実行できるようになりました。各オブジェクトは、元のdeal、shuffleと同じコードを格納しています。

```
deal
## function() {
##     card <- deck[1, ]
##     assign("deck", deck[-1, ], envir = globalenv())
##     card
## }
## <environment: 0x7ff7169c3390>

shuffle
## function(){
##     random <- sample(1:52, size = 52)
##     assign("deck", DECK[random, ], envir = globalenv())
## }
## <environment: 0x7ff7169c3390>
```

しかし、2つの関数には、先ほどとは重要なところで違うところが1つあります。これらのオリジン環境はもうグローバル環境ではないのです（dealとshuffleは**現在**グローバル環境に格納されていますが）。これらのオリジン環境は、次に示すように、setupを実行したときにRが作った実行時環境になっています。この環境は、新しいdealとshuffleにコピーされたDEALとSHUFFLE

が作られた環境です。

```
environment(deal)
## <environment: 0x7ff7169c3390>

environment(shuffle)
## <environment: 0x7ff7169c3390>
```

なぜこれが重要なのでしょうか。新しいdealとshuffleを呼び出したとき、Rは0x7ff7169c3390を親とする実行時環境でこれらの関数を評価します。DECKとdeckはこの親環境に格納されているので、dealとshuffleは実行時にこれらを見つけることができます。**図6-8**に示すように、DECKとdeckは2つの関数の検索パス内にありますが、それ以外の点では隔離されているのです。

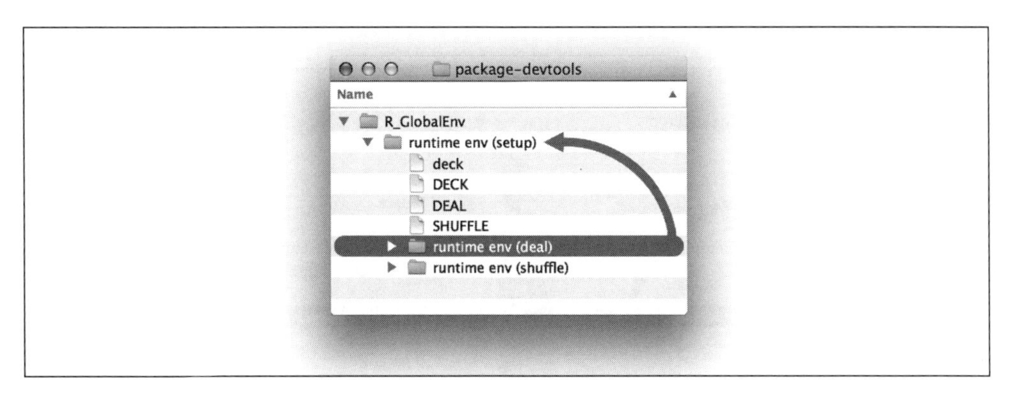

図6-8 新しいdealとshuffleは、保護されたdeckとDECKが検索パスに含まれている環境で実行される。

このような構成を**クロージャ**と呼びます。setupの実行時環境は、deal、shuffle関数を「囲い込み（enclose）」ます。dealとshuffleは囲い込まれた環境に含まれるオブジェクトと密接なやり取りをすることができますが、ほかの関数はそのようなことができません。ほかのR関数、環境の検索パスには、この囲い込まれた環境は含まれていないのです。

dealとshuffleが未だにグローバル環境のdeckオブジェクトを更新していることに気付かれたかもしれません。心配する必要はありません。今まさにそこを直そうとしているところです。dealとshuffleが、実行時環境の親（囲い込み）環境のオブジェクトだけを操作するようにしたいわけです。そこで、**図6-9**に示すように、各関数がdeckを更新するためにグローバル環境を参照するのではなく、実行時の親環境を参照するようにします。

```
setup <- function(deck) {
  DECK <- deck

  DEAL <- function() {
```

```
    card <- deck[1, ]
    assign("deck", deck[-1, ], envir = parent.env(environment()))
    card
  }

  SHUFFLE <- function(){
    random <- sample(1:52, size = 52)
    assign("deck", DECK[random, ], envir = parent.env(environment()))
  }

  list(deal = DEAL, shuffle = SHUFFLE)
}

cards <- setup(deck)
deal <- cards$deal
shuffle <- cards$shuffle
```

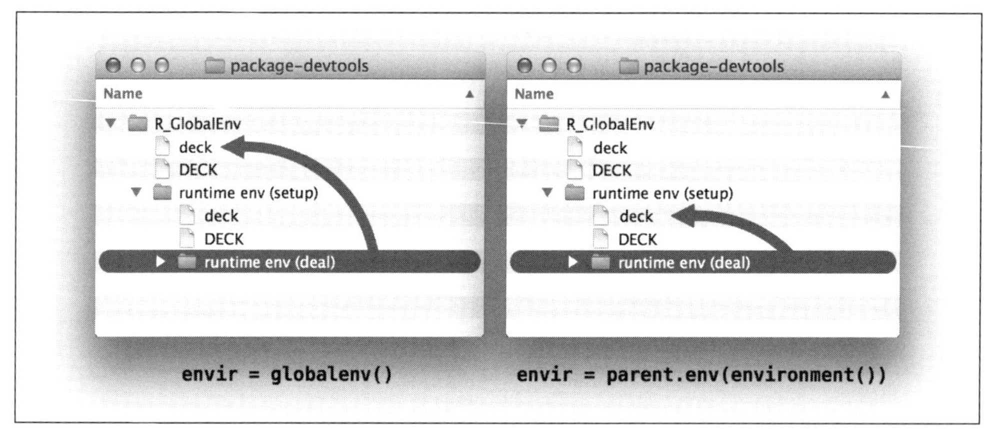

図6-9　コードを書き換えると、dealとshuffleはグローバル環境（左）ではなく親環境（右）を更新するようになる。

ついに、自己完結的なカードゲームが完成しました。グローバルコピーのdeckは、思うままに削除したり書き換えたりすることができ、しかもトランプをすることはできます。dealとshuffleはdeckの未操作で保護されているコピーを使うのです。

```
rm(deck)

shuffle()

deal()
## face   suit value
##  ace hearts     1
```

```
deal()
## face  suit value
## jack clubs    11
```

ブラックジャック！

6.7　まとめ

Rは、コンピュータのファイルシステムとよく似た環境システムにオブジェクトを格納します。このシステムのことを理解すると、Rがオブジェクトをどのようにして探すかが予測できるようになります。コマンドラインでオブジェクトを呼び出すと、Rはグローバル環境でオブジェクトを探し、見つからなければグローバル環境の親に移ります。一度に1つずつ環境ツリーを上位に昇っていくわけです。

関数内からオブジェクトを呼び出すと、Rは少し異なる検索パスを使います。関数を呼び出すと、Rはコマンドを実行するための新しい環境を作ります。この環境は、関数が最初に定義された環境の子になります。最初に定義された環境はグローバル環境になることもありますが、そうでないこともあります。この動作を利用すると、保護された環境のオブジェクトに関数が結び付けられているクロージャを作ることができます。

Rの環境システムに慣れてくると、この章で行ったように環境をうまく利用してエレガントな結果を生み出すことができます。しかし、環境システムの理解が真価を発揮するのは、R関数がどのようにして仕事をするのかを知っているときです。この知識を駆使すれば、関数が期待通りに動作しないときに何がまずいのかを突き止めることができます。

6.8　プロジェクト2のまとめ

ここまでで、Rにロードしたデータセットと値を完全にコントロールできるようになりました。データをRオブジェクトとして格納したり、データの値を思いのままに取得、変更したりすることができます。そして、Rがコンピュータのメモリにオブジェクトをどのように格納し、オブジェクトをどのように探し出してくるかを予測することさえできるようになりました。

まだ気付いていないかもしれませんが、これまでに得た専門知識のおかげで、コンピュータを活用できるパワフルなデータユーザーになっています。Rを使ってほかの方法でできるよりも大きなデータセットを保存、操作することができます。今までは、deckというごく小規模なデータセットしか使ってきませんでした。しかし、コンピュータのメモリに収まるものであれば、どんなデータセットであっても同じテクニックで操作することができます。

ただし、自分がデータサイエンティストとして直面するロジスティクスはデータの格納だけではありません。非常に複雑であったり、反復回数が多かったりするためにコンピュータなしでは難しいデータ操作をしたいと思うことがよくあるはずです。それらの一部は、Rやパッケージにすでにある関数を使って実行できますが、そうでないものもあります。独自プログラムを書けるようになれば、データサイエンティストとしてもっとも多彩な力を発揮できるようになります。Rはそのために役に立ちます。準備ができたら第Ⅲ部に進みましょう。Rでプログラムを書くためにもっとも役に立つスキルが学べます。

Ⅲ部
プロジェクト3：スロットマシン

スロットマシンは、現代のカジノでもっとも人気の高いゲームです。まだ見たことがないという人のために説明すると、スロットマシンは横にレバーが付いているアーケードゲームのような感じのものです。コインを入れてレバーを引くと、マシンは3つのマークのランダムな組合せを作り出します。よい組合せになると賞金がもらえ、ジャックポット（大当たり）が出ることもあります。

スロットマシンは払戻率が非常に低いので、カジノにとっては大儲けができます。ブラックジャックやルーレットなどの多くのゲームは、カジノの方がほんの少し得になりやすいだけです。長期的に見れば、客がゲームに使う1ドルのうち、カジノは97～98セントまでを払い戻しています。しかし、スロットマシンの場合、カジノは一般に90～95セントほどしか払い戻していません。残りはすべてカジノのものになるのです。それはひどいと思われるかもしれませんが、スロットマシンはカジノでもっとも人気のあるゲームの1つだということを忘れないでください。払戻率が低いことなど気にする人はほとんどいません。そして、宝くじの払戻率が1ドルあたり50セントに近いということを考えれば、スロットマシンはそれほど悪いものではないでしょう。

このプロジェクトでは、カナダ・マニトバ州の本物のビデオ宝くじ端末（VLT：Video Lottery Terminals）をモデルとして本当に動くスロットマシンを作ります。この端末は1990年代にスキャンダルの原因となったものです。スロットマシンを再現するプログラムを書けば、このスキャンダルの真相がわかるでしょう。次に、ちょっとした計算とシミュレーションによってスロットマシンの本当の払戻率を明らかにします。

このプロジェクトでは、Rでプログラムを書く方法とシミュレーションを実行する方法を学びます。また、それ以外に以下のことも学びます。

- 実践的な戦略を使ったプログラム設計の方法
- Rにいつ何をすべきかを指示する`if`、`else`文の使い方
- ルックアップテーブルの作り方と値の見つけ方
- `for`、`while`、`repeat`ループを使った反復処理の自動化の方法

- R バージョンのオブジェクト指向プログラミングである S3 メソッドの使い方
- R コードのスピードの測り方
- 高速なベクトル化 R コードの書き方

7章
プログラム

この章では、R関数の実行によってプレイできる本物の動くスロットマシンを作ります。完成したら、次のようにしてプレイすることができます。

```
play()
## 0 0 DD
## $0

play()
## 7 7 7
## $80
```

play関数は、2つのことをしなければなりません。まず、3つのシンボルをランダムに生成しなければなりません。次に、それらのシンボルをもとに賞金を計算しなければなりません。

第1のステップは簡単にシミュレートできます。sample関数を使えば、ランダムに3つのシンボルを生成することができます。これは、第I部で2個のサイコロをランダムに「振った」のとよく似ています。次の関数は、ダイヤモンド（DD）、セブン（7）、トリプルバー（BBB）、ダブルバー（BB）、シングルバー（B）、チェリー（C）、ゼロ（0）というよく使われているスロットマシンのシンボルグループから3つのシンボルを生成します。シンボルはランダムに選択され、個々のシンボルが現れる確率はそれぞれ異なっています。

```
get_symbols <- function() {
  wheel <- c("DD", "7", "BBB", "BB", "B", "C", "0")
  sample(wheel, size = 3, replace = TRUE,
    prob = c(0.03, 0.03, 0.06, 0.1, 0.25, 0.01, 0.52))
}
```

get_symbolsを使えば、スロットマシンで使われるシンボルを生成できます。

```
get_symbols()
## "BBB" "0"   "C"
```

```
get_symbols()
## "0" "0" "0"

get_symbols()
## "7" "0" "B"
```

get_symbolsは、カナダ・マニトバ州のVLTで使われていた確率を使っています。このスロットマシンは、あるレポーターが1990年代に払戻率をテストしようとしたことから、しばらく論争を引き起こしたものです。メーカーは1ドルに対して92セントを払い戻していると主張していましたが、1ドルに対して40セントしか払い戻していないように見えたのです。そのマシンで収集した元のデータ、論争の内容などは、W. John Braunが書いた記事としてインターネットで見ることができます。論争は、追加テストによってメーカーの正しさが明らかになって終息しました。

マニトバスロットマシンは、**表7-1**のように複雑な払い戻し方式を使っています。プレーヤーは、以下のときに賞金を手に入れます。

1. 同じシンボルが3つ揃ったとき（ゼロ3つを除く）
2. 3つのバー（さまざまな種類のバーが混ざっていてもよい）
3. 1個以上のチェリー

これ以外なら、賞金はありません。

賞金はシンボルの組合せによって決まり、さらにダイヤの有無によって変わります。ダイヤは「ワイルドカード」として扱われます。つまり、賞金が高くなるならほかのシンボルとして解釈することが認められているのです。たとえば、`7 7 DD`を出したときには、スリーセブンの賞金が得られます。ただし、このルールには1つだけ例外があります。本物のチェリーを出していない限り、ダイヤをチェリーと見なすことはできません。`0 DD 0`を`0 C 0`として扱うようなことを避けるためです。

ダイヤにはもう1つ特別な効果があります。組合せに含まれているダイヤ1つごとに最終的な賞金が2倍になるのです。そこで、`7 7 DD`は`7 7 7`よりも高い賞金になります。スリーセブンは80ドルですが、`7 7 DD`は160ドルになります。`7 DD DD`ならさらによく、2倍の2倍で320ドルになります。`DD DD DD`が出るとジャックポットになります。この場合、100ドルの2倍の2倍の2倍で800ドルになります。

表7-1　1ドルで1回プレイできる。出したシンボルによってどれくらいの勝ちになるかが決まる。ダイヤ（DD）はワイルドカードで、ダイヤが1つあると最終的な賞金が2倍になる。*はどのシンボルでもよいという意味。

組合せ	賞金（ドル）
DD DD DD	100
7 7 7	80
BBB BBB BBB	40
BB BB BB	25
B B B	10
C C C	10
バーの任意の組合せ	5
C C *	5
C * C	5
* C C	5
C * *	2
* C *	2
* * C	2

play関数を作るためには、get_symbolsの出力を受け付け、**表7-1**に基づいて正しい賞金を計算できるプログラムを書く必要があります。

Rでは、プログラムはRスクリプトか関数という形で保存されます。ここでは、scoreという名前の関数としてプログラムを保存します。プログラムが完成したら、次のような形でscoreを使って賞金を計算することができます。

```
score(c("DD", "DD", "DD"))
## 800
```

すると、次のように完全なスロットマシンが簡単に作れます。

```
play <- function() {
  symbols <- get_symbols()
  print(symbols) ❶
  score(symbols)
}
```

❶ printコマンドは、コンソールウィンドウに出力を表示します。関数本体からメッセージを表示する手段として便利なコマンドです。

playがprintという新しい関数を呼び出していることに注意してください。シンボルはplay関数の最後の行から返されるわけではないので、printはplayがシンボルを表示するために役に立ちます。Rはprintを関数内から呼び出しますが、printは出力をコンソールウィンドウに表示します。

第I部では、すべてのRコードをRスクリプトとして書くことを勧めました。Rスクリプトとは、コードを集めて保存してあるテキストファイルのことです。この章の作業を進めていくと、このアドバイスが非常に重要な意味を持つようになります。RStudioでRスクリプトを開くには、メニューバーで「File」→「New File」→「R Script」をクリックします。

7.1 戦略

スロットマシンのスコアを計算するのは、複雑なアルゴリズムを必要とする複雑な問題です。このような複雑な問題は、次のような単純な戦略を使えば簡単になります。

1. 複雑な問題を単純な部分問題に分割する。
2. 具体例を使う。
3. ソリューションを文章で書いてからそれをRに変換する。

では、簡単に扱える部分問題にプログラムを分割する方法から見ていきましょう。

プログラムとは、コンピュータが従うステップバイステップの命令の集まりです。これらの命令は、全体として非常に高度なことを達成できます。バラバラにすると、個別のステップはたいてい単純でわかりやすいものになります。

プログラムに含まれる個別のステップ、部分問題を明らかにすると、コーディングは楽になります。そして、個々の部分問題を独立に作っていきます。部分問題が複雑に感じるならば、もっと単純な部分問題にさらに分割してみましょう。多くのRプログラムは、既存の関数で実行できてしまうくらい単純な部分問題のグループに還元できます。

Rプログラムには、順次的なステップと並列するケースの2種類の部分問題が含まれます。

7.1.1 順次的なステップ

プログラムの分割方法の1つは、順々に実行される一連のステップへの分割です。play関数は、**図7-1**に示すように、このアプローチをとります。まず、3つのシンボルを生成し（ステップ1）、次にコンソールウィンドウにシンボルを表示し（ステップ2）、最後にシンボルのスコアを計算します（ステップ3）。

```
play <- function() {

  # ステップ1: シンボルの生成
  symbols <- get_symbols()
```

```
    # ステップ 2: シンボルの表示
    print(symbols)

    # ステップ 3: シンボルのスコア計算
    score(symbols)
  }
```

Rにステップを順次的に実行させるには、Rスクリプトか関数本体にステップを順々に配置します。

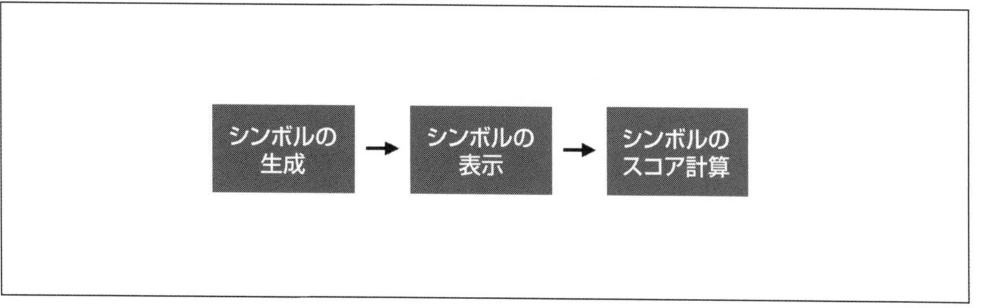

図7-1 play関数は一連のステップを使う

7.1.2 並列するケース

問題のもう1つの分割方法は、類似する場合のグループを見つけ出すことです。問題の中には、入力のタイプによって異なるアルゴリズムを必要とするものがあります。そのようなタイプを区別できれば、一度に1つずつそれぞれのアルゴリズムを実行できます。

たとえば、symbolsに同じ種類の3つのシンボルが含まれている場合には、scoreは第1の方法で賞金を計算する必要があります（この場合、scoreは共通しているシンボルから賞金を導き出さなければなりません）。シンボルがすべてバーなら、scoreは第2の方法で賞金を計算する必要があります（この場合、scoreは5ドルを賞金にすればよいだけです）。そして、同じ種類の3つのシンボルが含まれているわけでもすべてがバーになっているわけでもない場合には、scoreは第3の方法で賞金を計算する必要があります（この場合、scoreはチェリーの数を数えなければなりません）。scoreがこの3種類のアルゴリズムを同時に使うことは決してありません。scoreは、シンボルの組合せに従って1つのアルゴリズムを選んで実行します。

ダイヤはワイルドカードとして扱えるため、話が複雑になります。そこで、さしあたりは話を単純にして、ダイヤはただ賞金を2倍にするものとして扱うことにしましょう。**図7-2**に示すように、scoreは3種類のアルゴリズムのどれかを実行したあとで必要に応じて賞金を2倍にすることができます。

scoreの条件をplayのステップに追加すると、**図7-3**に示すように、スロットマシンプログラム全体の戦略が明らかになります。

私たちはこの戦略の最初の数ステップをすでに解決しています。get_symbols 関数で3つのスロットマシンシンボルを手に入れることができ、print 関数でシンボルを表示することができます。そこで、スコアの並列するケースをどのように処理したらよいかを考えていくことにしましょう。

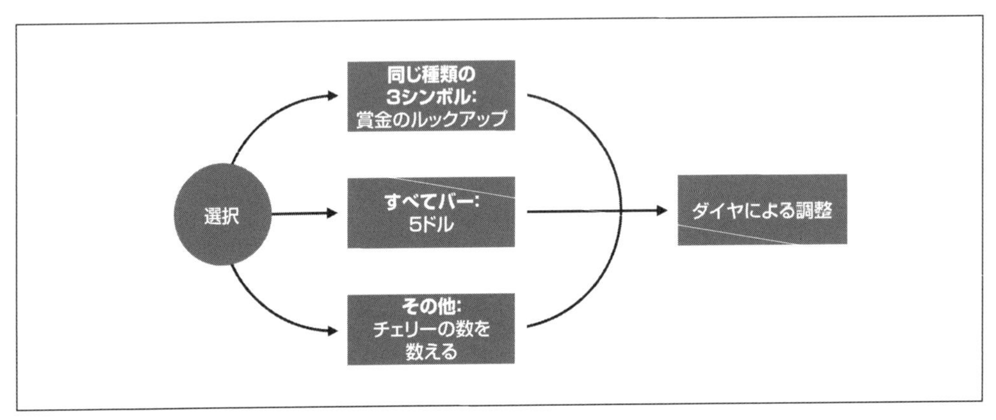

図7-2 score関数は並列するケースを区別しなければならない。

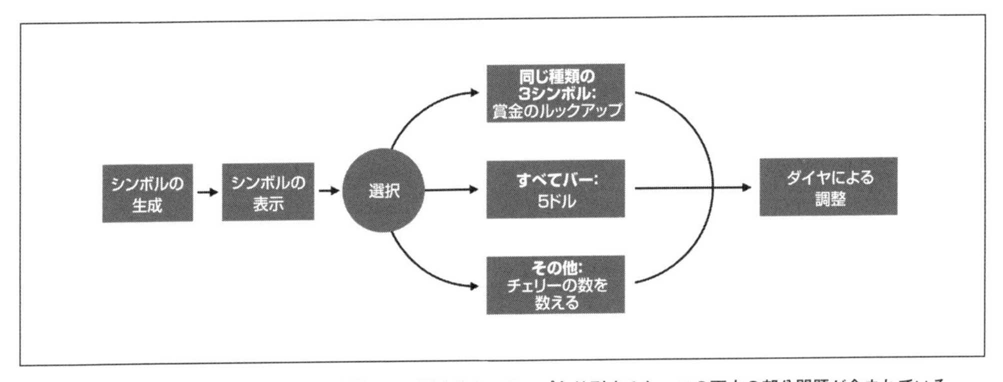

図7-3 スロットマシンシミュレーション全体には、順次的なステップと並列するケースの両方の部分問題が含まれている。

7.2 if文

各ケースを並列的につなげるためには構造が必要です。プログラムは、ケースの間で選択をしなければならないときにはいつでも分岐点に立つのです。if 文を使えば、このような分岐点を作ってプログラムが通れるようにすることができます。

if 文は、特定の条件に対して特定の問題を実行するようにRに指示します。文章なら、「もしこれが本当なら、あれをしなさい」という言い方があります。Rでは、次のように言います。

```
if (this) {
  that
}
```

thisオブジェクトは論理テストか1個のTRUEまたはFALSEと評価されるR式でなければなりません。thisがTRUEと評価されると、Rは、if文のすぐあとの波カッコの間（つまり{から}までの間）のコードをすべて実行します。thisがFALSEと評価されると、Rは波カッコの間のコードを実行せず、スキップします。

たとえば、numというオブジェクトがかならず正になるようにするif文は次のように書くことができます。

```
if (num < 0) {
  num <- num * -1
}
```

num < 0がTRUEならnumに-1を掛けてnumを正にします。

```
num <- -2

if (num < 0) {
  num <- num * -1
}

num
## 2
```

num < 0がFALSEなら、Rは何もせず、numはそのまま、つまり正（または0）になります。

```
num <- 4

if (num < 0) {
  num <- num * -1
}

num
## 4
```

if文の条件は、1個のTRUEまたはFALSEに評価されなければなりません。条件がTRUEとFALSEのベクトルを作る場合（これは、思ったよりも簡単に作れてしまいます）、if文は警告メッセージを表示し、ベクトルの最初の要素しか使いません。any、all関数を使えば、論理値のベクトルを1つのTRUEまたはFALSEに圧縮できることを忘れないでください。

if文で実行できるコードを1行に制限する必要はありません。波カッコの間には好きなだけ何行でもコードを入れられます。たとえば、次のコードは、numがかならず正になるようにするために何行も使っています。追加した行は、numが負数だったときにメッセージを表示しています。numが正数なら、Rはコードブロック全体（print文を含むすべて）をスキップします。

```
num <- -1

if (num < 0) {
  print("num is negative.")
  print("Don't worry, I'll fix it.")
  num <- num * -1
  print("Now num is positive.")
}
## "num is negative."
## "Don't worry, I'll fix it."
## "Now num is positive."

num
## 1
```

if文に対する理解を深めるために、次のクイズに挑戦してみてください。

クイズA

このコードは何を返しますか？

```
x <- 1
if (3 == 3) {
  x <- 2
}
x
```

答え：数値の2を返します。xの最初の値は1ですが、Rはif文に突き当たります。この条件式はTRUEと評価されるので、Rはx <- 2を実行し、xの値は2に変わります。

クイズB

このコードは何を返しますか？

```
x <- 1
if (TRUE) {
  x <- 2
}
x
```

答え：このコードも数値の2を返します。クイズAと同じように動作しますが、条件式の部分がすでに

TRUEになっているところが異なります。Rは条件式を評価する必要さえありません。そのため、if文の中のコードが実行され、xには2がセットされます。

クイズC

このコードは何を返しますか？

```
x <- 1
if (x == 1) {
  x <- 2
  if (x == 1) {
    x <- 3
  }
}
x
```

答え：このコードも数値の2を返します。xの最初の値は1なので、最初のif文の条件式はTRUEと評価され、Rはif文の本体のコードを実行します。まず、Rはxに2をセットし、次に第2のif文を評価します。このif文は、第1のif文の本体に含まれています。今回はxが2になっているので、x == 1はFALSEと評価されます。そのため、Rはx <- 3という式を無視し、両方のif文を終了します。

7.3 else文

if文は、条件が真だったときにすべきことをRに指示しますが、条件が偽だったときにすべきことも指示できます。elseはifと対になっており、if文を拡張して第2の条件を組み込みます。文章では、「もしこれが本当なら、プランAをしなさい。そうでなければプランBをしなさい」と言います。Rでは、同じことを次のように言います。

```
if (this) {
  Plan A
} else {
  Plan B
}
```

thisがTRUEと評価されたら、Rは最初の波カッコの中のコードを実行し、第2の波カッコのコードは実行されません。thisがFALSEと評価されたら、Rは第2の波カッコの中のコードを実行し、第1の波カッコのコードは実行されません。この方法を使えば、可能な条件をすべてカバーできます。たとえば、これを使えば小数をもっとも近い整数に丸めるコードを書くことができます。

最初は小数から始めます。

```
a <- 3.14
```

次に、truncを使って小数部分を抽出します。

```
dec <- a - trunc(a) ❶❷
dec
## 0.14
```

❶ truncは数値を受け付け、小数点の左側の部分だけの数値（つまり、数値の整数部分）を返します。

❷ a - trunc(a)は、aの小数部分を得るための便利な方法です。

次に、if elseツリーを使って数値を丸めます（切り上げまたは切り捨て）。

```
if (dec >= 0.5) {
  a <- trunc(a) + 1
} else {
  a <- trunc(a)
}

a
## 3
```

3つ以上の相互排他的な条件がある場合には、elseの直後に新しいif文を追加して、複数のif、else文を連結することができます。たとえば、次のようにします。

```
a <- 1
b <- 1

if (a > b) {
  print("A wins!")
} else if (a < b) {
  print("B wins!")
} else {
  print("Tie.")
}
## "Tie."
```

RはTRUEと評価されるものが現れるまでifの条件式を順に評価し、残りのif、else節を無視します。TRUEと評価される条件式がなければ、Rは最後のelse文を実行します。

もし2つのif文が相互排他的な条件を扱っているなら、別々に並べるのではなく、else ifでif文を結合した方がよいでしょう。こうすれば、第1のif文がTRUEを返したときに、Rは第2のif文を無視でき、その分仕事が減ります。

ifとelseを使えば、スロットマシン関数の部分問題をつなげることができます。新しいRスクリプトを開き、次のコードをコピーしてください。

```
if ( # 条件1: すべて同じシンボル❶ ) {
  prize <- # 賞金をルックアップ❷
} else if ( # 条件2: すべてバー❸ ) {
  prize <- # 5ドル割り当て❹
} else {
  # チェリーの数を計算❺
  prize <- # 賞金を計算❻
}

# ダイヤを数える❼
# 必要に応じて賞金を2倍にする❽
```

ここでもスケルトン（プログラムの骨組み）はまだ不完全です。実際のコードではなく、コメントでしかない部分がたくさんあります。しかし、私たちはプログラムを8個の単純な部分問題に還元しました。

❶ 3つのシンボルがすべて同じかどうかをテストする。

❷ シンボルに対応する賞金をルックアップする。

❸ シンボルがすべてバーかどうかをテストする。

❹ 賞金に5ドルを割り当てる。

❺ チェリーの数を数える。

❻ チェリーの数に基づいて賞金を計算する。

❼ ダイヤの数を数える。

❽ ダイヤの数に合わせて賞金を調整する。

その方がよければ、**図7-4**のようにこれらの問題に合わせてフローチャートを描き直してもいいでしょう。このチャートが表現している戦略は前と同じですが、より正確な絵になっています。ひし形は、if elseの判断を表すために使います。

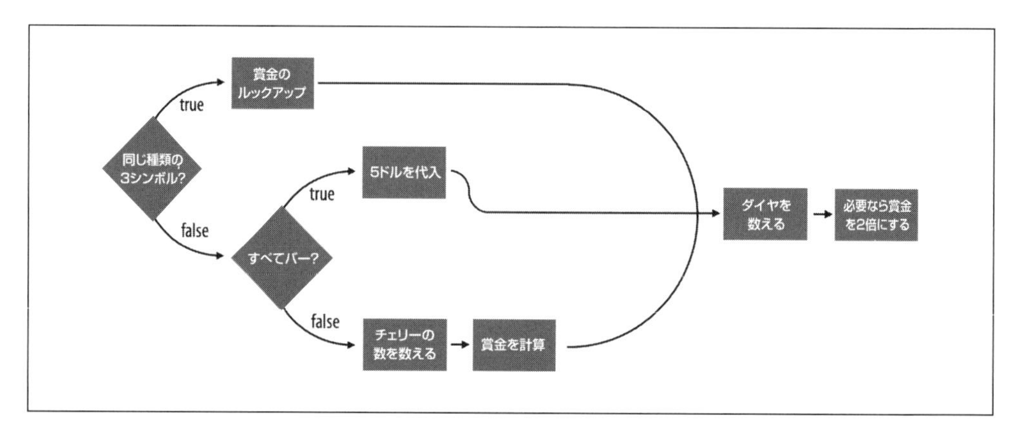

図7-4 scoreは2個のif else条件判定によって3つの条件の中のどれかを通過する。また、問題の一部を2ステップに分割することもできる。

これで、ifツリーにRコードを追加しながら、一度に1つずつ部分問題を処理していけるようになりました。個々の部分問題は、操作対象として使える具体例を準備し、Rでコーディングする前に文章で解決方法を表現するようにすれば、簡単に解決できます。

最初の部分問題は、3つのシンボルが同じかどうかをテストするように求めています。この部分問題のコードを書くためにはまずどうすればよいでしょうか。

最終的なscore関数は、次のようになることがわかっています。

```
score <- function(symbols) {

  # 賞金計算

  prize
}
```

引数のsymbolsはget_symbolsの出力であり、3つの文字列が含まれているベクトルです。私が書いたようにしてscoreというオブジェクトを定義し、関数本体を少しずつ埋めていってscoreを書き始めることは不可能ではありませんが、あまりよい考えとは言えません。最終的な関数は8個の部品から構成され、それらすべての部品が完成しなければ（そして、それらの部品がすべて正しく動作しなければ）、正しく動作しません。そのため、部分問題をテストしたければ、score関数全体を書かなければならないということになります。scoreが正しく動作しない場合（そうなる可能性は非常に高いはずですが）、どの部分問題を修正してよいのかがわからなくなります。

一度に1つの部分問題を作ることに集中すれば、時間が節約でき、ひどい頭痛に悩まされることもなくなります。個々の部分問題について、コードをテストするための具体的な例を作りましょう。たとえば、scoreは、3個の文字列を含むsymbolsという名前のベクトルを操作しなければならないことがわかっています。symbolsという名前のベクトルを実際に作れば、そのベクトルを操作する部分問題用のコードを途中で動かしてみることができます。

```
symbols <- c("7", "7", "7")
```

symbolsに対して正しく動作しないコードがあれば、先に進む前にその部分を修正しなければならないことがわかります。部分問題ごとにsymbolsの値を変更すれば、すべての条件のもとで正しく動作するコードを作れます。

```
symbols <- c("B", "BB", "BBB")
symbols <- c("C", "DD", "0")
```

個々の部分問題が具体的な例に対して正しく動作するようになったら、あとはscore関数の中で部分問題を組み合わせるだけです。このプランに従えば、関数を使うために使う時間が増え、関数が動作しない理由を突き止めようとして使う時間は減ります。

具体例を作ったら、文章で部分問題をどのようにするかを書いてみましょう。ソリューションを正確に書くことができれば、Rコードを書くのが簡単になります。

ここで最初の部分問題は、「3つのシンボルが同じかどうかをテストする」ことを求めています。私は、この表現では使えるRコードをイメージできません。しかし、3つのシンボルが同じかどうかということをもっと正確に書くことはできます。第1のシンボルが第2のシンボルと等しく、第2のシンボルが第3のシンボルと等しければ、3つのシンボルは同じになります。あるいは、もっと正確に次のように書いてみましょう。

symbolsという名前のベクトルの第1の要素がsymbolsの第2の要素と等しく、symbolsの第2の要素とsymbolsの第3の要素が等しければ、symbolsには3個の同じシンボルが格納されている。

練習問題

前の文をRで書かれた論理テストに変換してください。4章で学んだ論理テスト、ブール演算子、添字操作の知識を活用してください。テストは、symbolsを操作し、symbolsの各要素が同じ**ときに限り**TRUEを返さなければなりません。また、かならずsymbolsを使ってコードをテストしてください。

symbolsに3つの同じシンボルが含まれているかどうかをテストするための方法をいくつか示しておきましょう。第1の方法は、上の文章で書いたものを忠実に変換したものですが、ほかの方法でも同じテストをすることができます。解が正しく動作するなら、正答、誤答の区別はありません。symbolsというベクトルを作ってあるので、動作の正しさは簡単にチェックできます。

```
symbols
## "7" "7" "7"
```

```
symbols[1] == symbols[2] & symbols[2] == symbols[3]
## TRUE

symbols[1] == symbols[2] & symbols[1] == symbols[3]
## TRUE

all(symbols == symbols[1])
## TRUE
```

知っているR関数が増えていくと、基本的な問題をこなすための方法として思いつくものが増えていきます。3つが同じかどうかをチェックするための方法として私が気に入っているものを1つご紹介しましょう。

```
length(unique(symbols)) == 1
```

unique 関数は、vector に含まれるユニークな（別々の）項をまとめたベクトルを返します。symbols ベクトルの3つの要素が同じなら（つまり、1個のユニークな項が3回繰り返されているなら）、unique(symbols) は長さ1のベクトルを返します。

動作するテストが得られたので、スロットマシンスクリプトにこれを追加しましょう。

```
same <- symbols[1] == symbols[2] && symbols[2] == symbols[3] ❶

if (same) {
  prize <- # 賞金をルックアップ
} else if ( # 条件 2: すべてバー ) {
  prize <- # 5 ドル割り当て
} else {
  # チェリーの数を計算
  prize <- # 賞金を計算
}

# ダイヤを数える
# 必要に応じて賞金を 2 倍にする
```

❶ && と || は、&、| と同じように動作しますが、より効率的になることがあります。ダブル演算子は、結合された2つのテストを行うときに、第1のテストで結果が明らかになれば、第2のテストを評価しません。たとえば、上の式で symbols[1] と symbols[2] が等しくなければ、&& は symbols[2] == symbols[3] を評価しません。式全体についてただちに FALSE を返すことができます（FALSE & TRUE と FALSE & FALSE はともに FALSE になるため）。この効率のよさがプログラムのスピードアップにつながります。しかし、どこでもダブル演算子を適切に使えるというわけではありません。&& と || はベクトル対応になっていません。つまり、演算子の両辺にそれぞれ1つの論理テストがあるときしか使

えないのです。

賞金がもらえる第2の条件は、たとえばB、BB、BBBのように、すべてのシンボルがバータイプになっているかどうかです。まず、テスト用の具体例を作っておきましょう。

```
symbols <- c("B", "BBB", "BB")
```

練習問題

Rの比較演算子とブール演算子を使って、symbolsというベクトルにバータイプのシンボルしか含まれていないかどうかを判定してください。サンプルsymbolsベクトルを使って、正しく判定できているかどうかをチェックしてください。まず、文章でコードがどのような動作をすべきかを書いてから、それをRに変換するということを忘れないようにしましょう。

Rでは多くのことがそうですが、シンボルがすべてバーかどうかをテストする方法もいくつもあります。たとえば、次のように複数のブール演算子を使って非常に長いテストを書く方法があります。

```
symbols[1] == "B" | symbols[1] == "BB" | symbols[1] == "BBB" &
symbols[2] == "B" | symbols[2] == "BB" | symbols[2] == "BBB" &
symbols[3] == "B" | symbols[3] == "BB" | symbols[3] == "BBB"
## TRUE
```

しかし、Rが9個の論理テストを実行しなければならないので（そして、読者もこれを入力しなければならないので）、これはあまり効率のよい解ではありません。多くの場合、複数の | 演算子は、1個の %in% 演算子に置き換えられます。また、allを使えば、ベクトルの各要素でテストが真になるかどうかをチェックできます。この2つの変更を加えると、先ほどのコードは、次のように短くすることができます。

```
all(symbols %in% c("B", "BB", "BBB"))
## TRUE
```

ここでスクリプトにこのコードを追加しましょう。

```
same <- symbols[1] == symbols[2] && symbols[2] == symbols[3]
bars <- symbols %in% c("B", "BB", "BBB")

if (same) {
  prize <- # 賞金をルックアップ
```

```
} else if (all(bars)) {
  prize <- # 5 ドル割り当て
} else {
  # チェリーの数を計算
  prize <- # 賞金を計算
}

# ダイヤを数える
# 必要に応じて賞金を 2 倍にする
```

ここではテストを bars と all(bars) の2つのステップに分けていることに気付かれたかもしれません。これは、個人的な好みの問題です。私は、可能な限り、関数名とオブジェクト名が何をするかを伝えるものとして読めるようにしようと心がけています。

また、条件1で TRUE になるものにも条件2のテストが TRUE を返すことに気付かれたかもしれません。

```
symbols <- c("B", "B", "B")
all(symbols %in% c("B", "BB", "BBB"))
## TRUE
```

しかし、条件2は if ツリーの else if に入れてあるので、これは問題にはなりません。Rは、TRUE と評価される条件に達すると、ツリーの残りの部分をスキップします。つまり、else というものは、**それまでの条件を1つも満たしていない場合に限り**、後ろのコードを実行するようRに指示しているのです。同じタイプのバーが3つ含まれている場合には、Rは条件1のコードを評価するものの、条件2（および条件3）のコードをスキップします。

次の部分問題は、symbols に対応する賞金の割り当てです。symbols ベクトルに3つの同じシンボルが含まれている場合には、賞金はそのシンボルによって変わります。3個の DD が含まれている場合、賞金は100ドルです。3個の7が含まれている場合、賞金は80ドルです。

このように考えると、再び if ツリーを使うべきだという感じがします。次のようなコードを使えば、賞金を割り当てることができます。

```
if (same) {
  symbol <- symbols[1]
  if (symbol == "DD") {
    prize <- 800
  } else if (symbol == "7") {
    prize <- 80
  } else if (symbol == "BBB") {
    prize <- 40
  } else if (symbol == "BB") {
    prize <- 5
  } else if (symbol == "B") {
```

```
    prize <- 10
  } else if (symbol == "C") {
    prize <- 10
  } else if (symbol == "0") {
    prize <- 0
  }
}
```

このコードは正しく動作しますが、読むにも書くにも少々長過ぎます。また、正しい賞金を割り当てるために何度も論理テストを実行しなければなりません。このような場合は、別の方法を使った方が効果的です。

7.4　ルックアップテーブル

Rでは、添字操作がもっとも簡単な解決方法になる場合がよくあります。ここで添字操作をどう使おうというのでしょうか。シンボルと賞金の関係はわかっているので、この情報を格納するベクトルを作ります。このベクトルは、名前としてシンボル、要素として賞金額を格納します。

```
payouts <- c("DD" = 100, "7" = 80, "BBB" = 40, "BB" = 25,
  "B" = 10, "C" = 10, "0" = 0)

payouts
##  DD   7 BBB  BB   B   C   0
## 100  80  40  25  10  10   0
```

このベクトルを作ると、シンボル名でベクトルのサブセットを作れば、シンボルに対応する正しい賞金額を抽出できるようになります。

```
payouts["DD"]
##  DD
## 100

payouts["B"]
##  B
## 10
```

サブセットを作るときにシンボル名を取り除きたい場合には、出力を unname 関数に渡します。

```
unname(payouts["DD"]) ❶
## 100
```

❶ unname は、名前属性を取り除いたオブジェクトのコピーを返します。

payoutsは、一種の**ルックアップテーブル**、すなわち値を引き出すためのRオブジェクトになっています。payoutsの添字操作は、シンボルに対応する賞金が簡単にわかる方法です。何行ものコードを書く必要はなく、シンボルがDDであれ0であれ、必要な仕事の分量は同じです。Rでは、巧妙にサブセットを作れる名前付きオブジェクトを作れば、ルックアップテーブルを作れます。

残念ながら、この方法は、自動化できていない中途半端なものになっています。どのシンボルをpayoutsでルックアップするかをRに指示しなければなりません。それとも、もっとよい方法があるでしょうか。symbols[1]でpayoutsのサブセットを作ってみればよさそうです。試してみましょう。

```
symbols <- c("7", "7", "7")
symbols[1]
## "7"

payouts[symbols[1]]
##  7
## 80

symbols <- c("C", "C", "C")
payouts[symbols[1]]
```

どのシンボルであれsymbolsに含まれているものをルックアップするようにRに指示できるので、どのシンボルをルックアップすべきかを調べる必要はありません。この場合、ベクトル内の3つのシンボルは同じなので、symbols[1]、symbols[2]、symbols[3]のどれを使ってもかまいません。これで、3つのシンボルが同じときの賞金は、単純かつ自動的に計算できるようになりました。コードにこれを追加して、条件2を見てみましょう。

```
same <- symbols[1] == symbols[2] && symbols[2] == symbols[3]
bars <- symbols %in% c("B", "BB", "BBB")

if (same) {
  payouts <- c("DD" = 100, "7" = 80, "BBB" = 40, "BB" = 25,
  "B" = 10, "C" = 10, "0" = 0)
  prize <- unname(payouts[symbols[1]])
} else if (all(bars)) {
  prize <- # 5ドル割り当て
} else {
  # チェリーの数を計算
  prize <- # 賞金を計算
}

# ダイヤを数える
# 必要に応じて賞金を2倍にする
```

条件2は、シンボルがすべてバーのときです。この条件では、賞金は5ドルになるので、話は簡単です。

```
same <- symbols[1] == symbols[2] && symbols[2] == symbols[3]
bars <- symbols %in% c("B", "BB", "BBB")

if (same) {
  payouts <- c("DD" = 100, "7" = 80, "BBB" = 40, "BB" = 25,
  "B" = 10, "C" = 10, "0" = 0)
  prize <- unname(payouts[symbols[1]])
} else if (all(bars)) {
  prize <- 5
} else {
  # チェリーの数を計算
  prize <- # 賞金を計算
}

# ダイヤを数える
# 必要に応じて賞金を 2 倍にする
```

これで最後の条件に取り掛かることができます。ここでは、symbols にチェリーが何個含まれているかを数えなければ、賞金を計算できません。

練習問題

symbols ベクトルのどの要素が C になっているかを調べるにはどうすればよいですか？ テストを作って試してください。

応用問題

symbols ベクトルに含まれている C の数を数えるにはどうすればよいですか？ R の型強制ルールを思い出してください。

いつもと同じように、実例を使ってテストします。

```
symbols <- c("C", "DD", "C")
```

シンボルがチェリーかどうかは、たとえば symbols の中のどれかが C になっているかどうかをチェックすればわかります。

```
symbols == "C"
##  TRUE FALSE  TRUE
```

しかし、何個のシンボルがチェリーになっているかを数えた方が役に立ちます。これは、sumを使えばできます。しかし、sumが期待している入力は、論理値ではなく数値です。Rはそれを知っているので、TRUEとFALSEをそれぞれ1と0に変換してから合計を計算します。そのため、sumはTRUEの数を返します。これはチェリーの数と等しくなります。

```
sum(symbols == "C")
## 2
```

同じ方法を使えば、symbolsに含まれているダイヤの数も数えられます。

```
sum(symbols == "DD")
## 1
```

では、これら2つの部分問題をプログラムのスケルトンに追加しましょう。

```
same <- symbols[1] == symbols[2] && symbols[2] == symbols[3]
bars <- symbols %in% c("B", "BB", "BBB")

if (same) {
  payouts <- c("DD" = 100, "7" = 80, "BBB" = 40, "BB" = 25,
    "B" = 10, "C" = 10, "0" = 0)
  prize <- unname(payouts[symbols[1]])
} else if (all(bars)) {
  prize <- 5
} else {
  cherries <- sum(symbols == "C")
  prize <- # 賞金を計算
}

diamonds <- sum(symbols == "DD")
# 必要に応じて賞金を2倍にする
```

条件3は条件1、条件2よりもifツリーの下の部分に配置されているので、条件3のコードが適用されるのは、同じシンボルを3つ揃えたわけでも3つともバーになっているわけでもないプレーヤーだけになります。スロットマシンの払い戻しルールによれば、このようなプレーヤーでも、チェリーが2つあれば5ドル、1つあれば2ドルの払い戻しを受けます。チェリーが1つもなければ、払戻額は0ドルになります。チェリーが3つの条件は、すでに条件1で処理しているので考える必要はありません。

条件1と同様に、チェリーの出方のすべての組合せを処理するifツリーを書くこともできますが、それでは効率が悪くなります。

```
if (cherries == 2) {
  prize <- 5
} else if (cherries == 1) {
  prize <- 2
} else {}
  prize <- 0
}
```

ここでも、私は添字操作がもっともいいソリューションになると思います。意欲のある読者は、独力でソリューションを考えてみるのもいいでしょう。しかし、これから提案するソリューションを頭の中で追いかければ早く理解できるはずです。

賞金はチェリーがなければ0ドル、1個なら2ドル、2個なら5ドルだということがわかっています。この情報を格納するベクトルを作りましょう。これは非常に単純なルックアップテーブルです。

```
c(0, 2, 5)
```

条件1と同じように、ベクトルのサブセットを作れば正しい賞金がわかります。この場合、賞金はシンボル名によってわかるのではなく、含まれているチェリーの数によってわかるようになっています。チェリーの数はわかっているでしょうか。はい、cherriesに格納されています。整数を使った基本的な方法でサブセットを作り、たとえば、c(0, 2, 5)[1]のようにすれば、ルックアップテーブルから正しい賞金の額を手に入れることができます。

しかし、cherriesは0になる場合があるので、整数を使った添字操作にぴったり適合するわけではありません。ただし、この問題は簡単に解決できます。添字としてcherries + 1を使えばよいのです。cherriesが0なら、次のようにすれば賞金額がわかります。

```
cherries + 1
## 1

c(0, 2, 5)[cherries + 1]
## 0
```

cherriesが1なら、次のようになります。

```
cherries + 1
## 2

c(0, 2, 5)[cherries + 1]
## 2
```

そして、cherriesが2なら、次のようになります。

```
cherries + 1
## 3

c(0, 2, 5)[cherries + 1]
## 5
```

チェリーの個数に合った賞金を返すことがはっきりと確認できるまで、このソリューションを綿密にテストしましょう。そして、スクリプトにこのコードを追加します。

```
same <- symbols[1] == symbols[2] && symbols[2] == symbols[3]
bars <- symbols %in% c("B", "BB", "BBB")

if (same) {
  payouts <- c("DD" = 100, "7" = 80, "BBB" = 40, "BB" = 25,
    "B" = 10, "C" = 10, "0" = 0)
  prize <- unname(payouts[symbols[1]])
} else if (all(bars)) {
  prize <- 5
} else {
  cherries <- sum(symbols == "C")
  prize <- c(0, 2, 5)[cherries + 1]
}

diamonds <- sum(symbols == "DD")
# 必要に応じて賞金を2倍にする
```

ルックアップテーブルかifツリーか

ifツリーを書くのを避けるためにルックアップテーブルを作ったのはこれで2度目です。このテクニックがなぜ役に立つのか、絶えず登場するのはなぜでしょうか。Rでは、ifツリーの多くは必要不可欠なものです。ifツリーは、異なる場合に異なるアルゴリズムを使うことをRに指示してくれます。しかし、ifツリーはいつでもどこでも適しているというわけではありません。

ifツリーには、2つの欠点があります。第一に、ifツリーを下りていく過程でRは複数のテストを実行しなければなりませんが、それが不必要な仕事を作り出すことがあります。第二に、10章で説明するように、ベクトル化されたコードでは、ifツリーは使いにくくなります。ベクトル化とは、高速プログラムを作れるRの長所を利用するプログラミングスタイルのことです。ルックアップテーブルなら、これら2つの欠点はありません。

しかし、すべてのifツリーをルックアップテーブルに置き換えられるわけではありませんし、そうすべきでもありません。ただ、ルックアップテーブルを使えば、ifツリーで変数に値を割り当てるのを避けられます。一般的なルールとして、個々のツリーに対してそれぞれ異なるコードを実行するときにはifツリーを使いましょう。それに対し、ツリーの個々の分岐が異なる値を割り当てるだけなら、ルックアップテーブルを使います。

ifツリーをルックアップテーブルに変換するには、割り当てすべき値をはっきりさせてそれをベクトルに格納します。次に、ifツリーの条件式の中で使われる選択基準を明らかにします。条件が文字列を使う場合には、ベクトルに名前を与え、名前に基づく添字操作を利用します。条件が整数なら、整数による添字操作を使います。

ここで、含まれているダイヤ1個につき一度ずつ賞金を2倍にするという部分問題が残されています。つまり、最終的な賞金は、現在の賞金の何倍かになるということです。たとえば、ダイヤがなければ、賞金は次のようになります。

```
prize * 1       # 1 = 2 ^ 0
```

ダイヤが1個含まれている場合には、次のようになります。

```
prize * 2       # 2 = 2 ^ 1
```

ダイヤが2個含まれている場合には、次のようになります。

```
prize * 4       # 4 = 2 ^ 2
```

そして、ダイヤが3個含まれている場合には、次のようになります。

```
prize * 8       # 8 = 2 ^ 3
```

以上を簡単に処理する方法が頭に浮かぶでしょうか。今までのサンプルとよく似た方法を使ってみてはどうでしょう。

練習問題

diamondsに基づいてprizeを調整するメソッドを書いてください。まず文章でソリューションの説明を書いてから、コードを書いてください。

前のパターンからヒントを得た簡潔なソリューションを用意しました。調整された賞金は、次の式と等しくなります。

```
prize * 2 ^ diamonds
```

これで、scoreスクリプトが完成しました。

```
same <- symbols[1] == symbols[2] && symbols[2] == symbols[3]
bars <- symbols %in% c("B", "BB", "BBB")

if (same) {
  payouts <- c("DD" = 100, "7" = 80, "BBB" = 40, "BB" = 25,
    "B" = 10, "C" = 10, "0" = 0)
  prize <- unname(payouts[symbols[1]])
} else if (all(bars)) {
  prize <- 5
} else {
  cherries <- sum(symbols == "C")
  prize <- c(0, 2, 5)[cherries + 1]
}

diamonds <- sum(symbols == "DD")
prize * 2 ^ diamonds
```

7.5 コードのコメント

ここまでで、きちんと動作し、関数に保存できるスコア計算スクリプトが完成しましたが、保存する前に#でコードにコメントを追加してみましょう。コメントは、コードがなぜそういうことを行なっているかを説明してコードをわかりやすくしてくれます。コメントを使えば、長いプログラムをざっと読めるチャンクに分割することもできます。たとえば、私ならscoreのコードには3つのコメントを追加します。

```
# 場合の確定
same <- symbols[1] == symbols[2] && symbols[2] == symbols[3]
bars <- symbols %in% c("B", "BB", "BBB")

# 賞金の計算
if (same) {
  payouts <- c("DD" = 100, "7" = 80, "BBB" = 40, "BB" = 25,
    "B" = 10, "C" = 10, "0" = 0)
  prize <- unname(payouts[symbols[1]])
} else if (all(bars)) {
  prize <- 5
} else {
  cherries <- sum(symbols == "C")
  prize <- c(0, 2, 5)[cherries + 1]
}

# ダイヤによる賞金の加算
diamonds <- sum(symbols == "DD")
prize * 2 ^ diamonds
```

コードの各部が動くようになったので、「**1.5 独自関数の書き方**」で学んだ方法で関数にまとめることができます。RStudioのメニューバーの「Code」→「Extract Function」オプションを使うか、function関数を使います。関数の最後の行は結果を返すものにしてください（このコードは結果を返しています）。また、関数が使う引数をはっきりさせなければなりません。多くの場合、symbolsのように、コードのテストに使った具体例が関数の引数になります。次のコードを実行すれば、score関数を使えるようになります。

```
score <- function (symbols) {
  # 場合の確定
  same <- symbols[1] == symbols[2] && symbols[2] == symbols[3]
  bars <- symbols %in% c("B", "BB", "BBB")
  # 賞金の計算
  if (same) {
    payouts <- c("DD" = 100, "7" = 80, "BBB" = 40, "BB" = 25,
      "B" = 10, "C" = 10, "0" = 0)
    prize <- unname(payouts[symbols[1]])
  } else if (all(bars)) {
    prize <- 5
  } else {
    cherries <- sum(symbols == "C")
    prize <- c(0, 2, 5)[cherries + 1]
  }

  # ダイヤによる賞金の加算
  diamonds <- sum(symbols == "DD")
  prize * 2 ^ diamonds
}
```

socre関数を定義すれば、play関数も動作するようになります。

```
play <- function() {
  symbols <- get_symbols()
  print(symbols)
  score(symbols)
}
```

これでスロットマシンは次のようにして簡単にプレイできるようになりました。

```
play()
##  "0" "BB"  "B"
## 0

play()
## "DD"  "0"  "B"
```

```
## 0

play()
## "BB" "BB"  "BB"
## 25
```

7.6 まとめ

Rプログラムとは、コンピュータが従う命令を集めて一連のステップとケースにまとめたものです。こう言うとプログラムが単純なものに見えるかもしれませんが、だまされないでください。単純なステップ（および場合）を適切に組み合わせて、複雑な結果を生み出すことができます。

プログラマとしては、むしろ逆方向にだまされがちです。目が覚めるようなことをしなければならないことがわかっているだけに、プログラムなんて決して書けないように感じてしまうのです。そのような場合でもパニックにならないようにしましょう。目の前の仕事を単純な問題に分割し、さらにその問題を分割していってください。場合によっては、フローチャートで問題の間の関係を可視化することもできます。そして、一度に1つずつ部分問題を片付けていくのです。文章でソリューションの説明を書き、それをRコードに書き換えていきます。その過程で、具体例を使ってソリューションをテストします。個々の部分問題が正しく動作するようになったら、コードを組合せてシェア、再利用できる関数を作りましょう。

Rは、ユーザーの役に立つようなツールを提供しています。条件は、if、else文で管理できます。オブジェクトでルックアップテーブルを作り、そのサブセットを作ることもできます。#でコメントを追加できます。そして、function関数でプログラムを関数として保存することができます。

プログラムを書くと、何かと問題が起こります。プログラマは、自分で発生したエラーの原因を見つけ出して修正しなければなりません。一度に少しずつ書いてはテストするというステップ単位のアプローチで関数を書けば、エラーのもとは簡単に特定できます。しかし、エラーの原因がどうしても見つからなかったり、テストしていないコードの大きな塊を相手にしていたりするときには、付録Eで説明されているRの組み込みデバッグツールを使ってみるのも手です。

次の2つの章では、プログラムの中で使えるツールをさらに紹介していきます。それらのツールの使い方をマスターしていくと、Rプログラムが書きやすくなり、データを思うままに操作できるようになるでしょう。8章では、S3システムの使い方を学びます。S3は、Rのさまざまな部分を形成している見えない手です。このシステムを使ってスロットマシンの出力用のカスタムクラスを作り、そのクラスのオブジェクトをどのように表示するかをRに指示します。

8章
S3

読者は、スロットマシンの出力が私の約束とは異なることに気付かれたかもしれません。私が言ったスロットマシンの出力は次のような形のものでした。

```
play()
## 0 0 DD
## $0
```

しかし、現在のマシンは、次のようにちょっと美しくない書式で表示しています。

```
play()
##  "0"  "0" "DD"
## 0
```

さらに、スロットマシンはシンボルの表示のために小技を使っています（playの中からprintを呼び出していることです）。そのため、次のように出力を保存すると、賞金だけしか保存されません。

```
one_play <- play()
## "B" "0" "B"

one_play
## 0
```

RのS3システムを使えば、この2つの問題を解決できます。

8.1 S3システム

S3は、Rに組み込まれているクラスシステムです。このシステムは、Rが異なるクラスのオブジェクトをどのように扱うかをコントロールしています。一部のR関数は、オブジェクトのS3クラスを問い合わせ、その応答に基づいて異なる動作をします。

print関数もそのような関数の1つです。数値ベクトルを表示しようとすると、printは数値を出力します。

```
num <- 1000000000
print(num)
## 1e+09
```

しかし、この数値にS3クラスの"POSIXct" "POSIXt"を与えると、printは時刻を表示します。

```
class(num) <- c("POSIXct", "POSIXt")
print(num)
## "2001-09-08 19:46:40 CST"
```

クラスを持つオブジェクトを使うと（今のように）、RのS3システムに行き当たります。S3の動作は最初は奇妙に感じられるかもしれませんが、慣れてしまえば簡単に予測できます。

RのS3システムは、属性（特にclass属性）、ジェネリック関数、メソッドを中心として構築されています。

8.2 属性

「**3.2 属性**」では、多くのRオブジェクトが属性を持つことを学びました。属性とは、名前を持ちオブジェクトに追加された補助情報のことです。属性はオブジェクトの値には影響を与えませんが、Rがオブジェクトを処理するときに使える一種のメタデータとしてオブジェクトに貼り付きます。たとえば、データフレームは、属性として行と列の名前を格納しています。データフレームは、属性としてクラス名の"data.frame"も格納しています。

オブジェクトの属性は、attributesでわかります。第II部で作ったDECKデータフレームに対してattributesを実行すると、次のように表示されます。

```
attributes(DECK)
## $names
## [1] "face"  "suit"  "value"
##
## $class
## [1] "data.frame"
##
## $row.names
##  [1]  1  2  3  4  5  6  7  8  9 10 11 12 13 14 15 16 17 18 19
## [20] 20 21 22 23 24 25 26 27 28 29 30 31 32 33 34 35 36 37 38
## [39] 39 40 41 42 43 44 45 46 47 48 49 50 51 52
```

Rには、もっともよく使われている属性を取得、設定するためのヘルパー関数が多数用意されています。names、dim、class関数はすでに取り上げました。これらはそれぞれ名前のもととなった属性を操作します。しかし、Rはrow.names、levelsなどの属性関連のヘルパー関数をほかにも多数持っており、それらを使えば属性の値を取得、設定したり、新しい属性を定義したりすることができます。属性の取得は次のように行います。

```
row.names(DECK)
##  [1] "1"  "2"  "3"  "4"  "5"  "6"  "7"  "8"  "9"  "10" "11" "12" "13"
## [14] "14" "15" "16" "17" "18" "19" "20" "21" "22" "23" "24" "25" "26"
## [27] "27" "28" "29" "30" "31" "32" "33" "34" "35" "36" "37" "38" "39"
## [40] "40" "41" "42" "43" "44" "45" "46" "47" "48" "49" "50" "51" "52"
```

属性の設定は次のようにします。

```
row.names(DECK) <- 101:152
```

新しい属性を与えるには次のようにします。

```
levels(DECK) <- c("level 1", "level 2", "level 3")

attributes(DECK)
## $names
## [1] "face"  "suit"  "value"
##
## $class
## [1] "data.frame"
##
## $row.names
##  [1] 101 102 103 104 105 106 107 108 109 110 111 112 113 114 115 116 117
## [18] 118 119 120 121 122 123 124 125 126 127 128 129 130 131 132 133 134
## [35] 135 136 137 138 139 140 141 142 143 144 145 146 147 148 149 150 151
## [52] 152
##
## $levels
## [1] "level 1" "level 2" "level 3"
```

Rは、属性に関してはかなり柔軟性があります。たとえば、Rはユーザーがオブジェクトに好みの属性を追加することを認めます（そして、通常Rはそれを無視します）。Rが文句を言うのは、関数が属性を必要としているのにオブジェクトにないときだけです。

attrを使えば、オブジェクトに広くさまざまな属性を追加することができます。また、オブジェクトの任意の属性の値を確認することができます。スロットマシンを1回プレイした結果を格納したone_playを使ってattrの仕組みを見てみましょう。

```
one_play <- play()
one_play
## 0

attributes(one_play)
## NULL
```

attrは、Rオブジェクトと属性名（文字列形式）の2個の引数を取ります。Rオブジェクトに指定した名前の属性を与えるには、attrの出力に値を保存します。それでは、one_playに文字列ベクトルを格納するsymbolsという属性を与えてみましょう。

```
attr(one_play, "symbols") <- c("B", "0", "B")

attributes(one_play)
## $symbols
## [1] "B" "0" "B"
```

属性の値を調べるには、attrにRオブジェクトと見たい属性の名前を渡します。

```
attr(one_play, "symbols")
## "B" "0" "B"
```

one_playのようなアトミックなベクトルに属性を与えると、通常Rはベクトルの値の下に属性を表示します。しかし、属性によってベクトルのクラスが変わると、Rはベクトル内のすべての情報を新しい形式で表示することがあります（POSIXctオブジェクトの例で示したように）。

```
one_play
## [1] 0
## attr(,"symbols")
## [1] "B" "0" "B"
```

Rは、R関数が探すnames、classなどの名前を指定しない限り、一般にオブジェクトの属性を無視します。たとえば、one_playを操作しているとき、Rはone_playのsymbols属性を無視します。

```
one_play + 1
## 1
## attr(,"symbols")
## "B" "0" "B"
```

> **練習問題**
>
> 賞金額だけでなく、symbols という属性名でシンボルの情報も返すように play を書き換えてください。また、冗長な print(symbols) 呼び出しは取り除いてください。
>
> ```
> play <- function() {
>   symbols <- get_symbols()
>   print(symbols)
>   score(symbols)
> }
> ```

新しいバージョンの play は、score(symbols) の出力を取り込み、それを属性にすれば作れます。こうすると、play は拡張バージョンの出力を返すようになります。

```
play <- function() {
  symbols <- get_symbols()
  prize <- score(symbols)
  attr(prize, "symbols") <- symbols
  prize
}
```

これで play は賞金額と賞金額に対応するシンボルの両方を返すようになりました。出力はあまりきれいに見えないかもしれませんが、出力を新しいオブジェクトにコピーしても、賞金額だけでなくシンボルもコピーされるようになります。出力はすぐあとできれいにします。

```
play()
## [1] 0
## attr(,"symbols")
## [1] "B" "BB" "0"

two_play <- play()

two_play
## [1] 0
## attr(,"symbols")
## [1] "0" "B" "0"
```

structure 関数を使えば、ワンステップで賞金を生成し、属性を設定することもできます。structure は、一連のオブジェクトを持つオブジェクトを作ります。第 1 引数は R オブジェクトか一連の値、第 2 引数以降は structure がオブジェクトに追加する名前付き属性でなければなりません。第2引数以降では、任意の引数名を指定して引数を与えることができます。structureは、引数名として指定した名前の属性をオブジェクトに追加します。

```
play <- function() {
  symbols <- get_symbols()
  structure(score(symbols), symbols = symbols)
}

three_play <- play()
three_play
## 0
## attr(,"symbols")
## "0" "BB" "B"
```

playの出力にsymbols属性が含まれるようになりましたが、これをどのように利用することができるでしょうか。この属性を参照して使う独自関数を書くことができます。たとえば、次の関数は、one_playのsymbols属性を参照し、one_playをきれいな書式で表示します。

```
slot_display <- function(prize){

  # シンボルの抽出
  symbols <- attr(prize, "symbols")

  # symbolsを1つの文字列に変換
  symbols <- paste(symbols, collapse = " ")

  # シンボルと賞金額を正規表現として結合
  # \nは改行（つまりReturnまたはEnter）の正規表現
  string <- paste(symbols, prize, sep = "\n$")

  # クォートなしでコンソールに正規表現を表示
  cat(string)
}

slot_display(one_play)
## B 0 B
## $0
```

この関数は、数値とsymbols属性の両方を備えたone_playのようなオブジェクトが渡されることを想定しています。関数の第1行は、symbols属性の値を取得し、symbolsという名前のオブジェクトとして保存します。関数のそれ以降の挙動を理解するために、サンプルのsymbolsオブジェクトを作りましょう。one_playのsymbols属性を使えばsymbolsオブジェクトを作ることができます。symbolsは、3個の文字列のベクトルになります。

```
symbols <- attr(one_play, "symbols")

symbols
## "B" "0" "B"
```

次に、slot_displayは、pasteを使ってsymbolsに含まれている3個の文字列を1つの文字列に結合します。pasteは、collapse引数を指定すると、文字列のベクトルを展開して1つの文字列にまとめます。このとき、pasteはcollapseの値を文字列のセパレータとして使います。そのため、symbolsは、3個の文字列の間にスペースを挿入したB 0 Bになります。

```
symbols <- paste(symbols, collapse = " ")

symbols
## "B 0 B"
```

slot_displayは、次に別の使い方でpasteを呼び出し、symbolsとprizeを1つの文字列に結合します。pasteは、sep引数を指定すると、複数のオブジェクトを1つの文字列に結合します。たとえば、ここではpasteはsymbolsに格納されているB 0 Bという文字列とprizeに格納されている0という数値を結合します。そして、sep引数を使って2つの値の間を区切ります。ここでは、値は\n$なので、出力は"B 0 B\n$0"のようになります。

```
prize <- one_play
string <- paste(symbols, prize, sep = "\n$")

string
## "B 0 B\n$0"
```

slot_displayの最後の行は、この新しく作った文字列を引数としてcatを呼び出しています。catはprintとよく似ており、コマンドラインに入力を表示しますが、catは出力をクォートで囲みません。また、catは\nを改行に置き換えます。そのため、出力がこのようになるわけです。これは、7章で私がplayの出力について説明した通りの形式だということに注意してください。

```
cat(string)
## B 0 B
## $0
```

slot_displayを使えば、playの出力を整形することができます。

```
slot_display(play())
## C B 0
## $2
```

```
slot_display(play())
## 7 0 BB
## $0
```

この方法で出力を整形しようとすると、Rセッションに手作業で割り込まなければなりません（slot_displayを呼び出すために）。playの出力を表示する**たびに**自動的に出力を整形できる関数があります。printはまさにそのための関数であり、**ジェネリック関数**なのです。

8.3 ジェネリック関数

Rは、自分が思っているより頻繁にprintを使っています。Rは、コンソールウィンドウに結果を出力するたびにprintを使っているのです。呼び出しがバックグラウンドで行われているために気付かないだけです。しかし、出力がコンソールウィンドウに表示されるのは、print呼び出しが起きているからだと言われれば、なるほどと思うでしょう（printはいつも引数をコンソールウィンドウに表示することを思い出してください）。コマンドラインでオブジェクトを表示したときの内容とprintの出力がかならず一致する理由も、やはりここからわかります。

```
print(pi)
## 3.141593

pi
## 3.141593

print(head(deck))
##    face   suit value
## 1  king spades    13
## 2 queen spades    12
## 3  jack spades    11
## 4   ten spades    10
## 5  nine spades     9
## 6 eight spades     8

head(deck)
##    face   suit value
## 1  king spades    13
## 2 queen spades    12
## 3  jack spades    11
## 4   ten spades    10
## 5  nine spades     9
## 6 eight spades     8

print(play())
## 5
## attr(,"symbols")
##  "B" "BB"  "B"
```

```
play()
## 5
## attr(,"symbols")
##  "B" "BB"  "B"
```

slot_display と同じ動作をするように print を書き換えれば、スロット出力の表示方法を変えることができ、きれいな書式で出力が表示されるようになります。しかし、この方法には、マイナスの副作用があります。データフレーム、数値ベクトル、その他のオブジェクトを表示するときに R が slot_display を呼び出すのは避けたいところです。

幸い、print は普通の関数ではありません。**ジェネリック**関数なのです。つまり、print 関数は、条件によって異なることをするように書かれています。実は、読者も print のこのようなふるまいにすでに実際に遭遇しています（気が付かなかったかもしれませんが）。クラスが指定されていない num を渡したときには print は次のように動作していました。

```
num <- 1000000000
print(num)
## 1e+09
```

num にクラスを渡すと、print の動作は次のように変わりました。

```
class(num) <- c("POSIXct", "POSIXt")
print(num)
## "2001-09-08 19:46:40 CST"
```

それでは、print がこれを実現する仕組みを調べるために、print の中のコードを想像してみましょう。print は入力の class 属性を調べ、if ツリーでどの出力を表示すべきかを選択しているのだろうと考えましたか。この方法を思いついたのなら、すばらしいことです。print はそれととてもよく似ているものの、はるかに単純なことを行っています。

8.4 メソッド

print を呼び出すと、print は UseMethod という特別な関数を呼び出します。

```
print
## function (x, ...)
## UseMethod("print")
## <bytecode: 0x7ffee4c62f80>
## <environment: namespace:base>
```

UseMethod は、print の第 1 引数として自分が指定した入力のクラスを調べ、そのクラスの入力を処理するために作られた新しい関数にすべての引数を渡します。たとえば、print に POSIXct オブジェクトを渡した場合、UseMethod は print のすべての引数を print.POSIXct に渡します。そして、Rはprint.POSIXctを実行して結果を返します。

```
print.POSIXct
## function (x, ...)
## {
##     max.print <- getOption("max.print", 9999L)
##     if (max.print < length(x)) {
##         print(format(x[seq_len(max.print)], usetz = TRUE), ...)
##         cat(" [ reached getOption(\"max.print\") -- omitted",
##             length(x) - max.print, "entries ]\n")
##     }
##     else print(format(x, usetz = TRUE), ...)
##     invisible(x)
## }
## <bytecode: 0x7fa948f3d008>
## <environment: namespace:base>
```

printにファクタを渡すと、UseMethodはprintに対するすべての引数をprint.factorに渡します。Rはprint.factorを実行し、結果を返します。

```
print.factor
## function (x, quote = FALSE, max.levels = NULL, width = getOption("width"),
## ...)
## {
##     ord <- is.ordered(x)
##     if (length(x) == 0L)
##         cat(if (ord)
##             "ordered"
## ...
##         drop <- n > maxl
##         cat(if (drop)
##             paste(format(n), ""), T0, paste(if (drop)
##             c(lev[1L:max(1, maxl - 1)], "...", if (maxl > 1) lev[n])
##         else lev, collapse = colsep), "\n", sep = "")
##     }
##     invisible(x)
## }
## <bytecode: 0x7fa94a64d470>
## <environment: namespace:base>
```

print.POSIXctやprint.factorは、printの**メソッド**と呼ばれます。print.POSIXct、print.factor自体は、通常のR関数のように動作します。しかし、これらはUseMethodがprintに対する特定のクラスの入力を処理するために呼び出せるように書かれています。

print.POSIXct、print.factorの挙動がそれぞれ異なることに注意してください（また、print.factorの途中を省略していることにも注意してください。print.factorは長い関数です）。print

が異なる条件に対して異なる処理をしている仕組みはこのようなものです。printはUseMethodを呼び出し、UseMethodは、printの第1引数に基づいて専用メソッドを呼び出します。

ジェネリック関数を引数としてmethodsを呼び出すと、その関数にどのようなメソッドがあるかがわかります。たとえば、printはほぼ200種のメソッドを持っています（Rにどれくらいの数のクラスがあるかも想像できるでしょう）。

```
methods(print)
##   [1] print.acf*
##   [2] print.anova
##   [3] print.aov*
## ...
## [176] print.xgettext*
## [177] print.xngettext*
## [178] print.xtabs*
##
## Nonvisible functions are asterisked
```

このジェネリック関数やメソッド、クラスに基づくディスパッチのシステムはS3と呼ばれます。S3という名前は、Sのバージョン3で作られたからです。Sは、その後S-PLUS、Rに発展していったプログラミング言語です。多くのR関数が一連のクラスメソッドを使うS3ジェネリック関数になっています。たとえば、summaryやheadもUseMethodを呼び出しています。c、+、-、<などのもっと基本的な関数もジェネリック関数のようにふるまいますが、これらはUseMethodではなく、.primitiveを呼び出しています。

R関数は、S3システムのおかげで、クラスが異なれば異なる動作をすることができます。スロットの出力も、S3を使えば整形できます。まず、出力に専用のクラスを与えます。次に、そのクラス用にprint.*メソッドを書きます。これを効率よく行うためには、UseMethodが実際に使うメソッド関数をどのようにして選択しているかについての知識が必要になります。

8.4.1 メソッドのディスパッチ

UseMethodは、非常に単純なシステムを使ってメソッドと関数を対応付けています。

すべてのS3メソッドの名前は2つの部分に分かれています。第1の部分は、メソッドを使う関数の名前です。第2の部分は、クラスを表しています。この2つの部分は、ピリオドで区切られています。そこで、たとえば関数用のprintメソッドは、print.functionという名前になります。行列用のサマリメソッドは、summary.matrixという名前になります。

UseMethodは、メソッドを呼び出さなければならなくなると、正しいS3スタイルの名前を持つR関数を探します。関数は、あらゆる意味で特別な存在である必要はありません。正しい名前さえ持っていればよいのです。

独自関数を書いてS3スタイルの名前をつければ、このシステムに参加できます。たとえば、one_playに独自クラスを追加してみましょう。どんな名前でもかまいません。Rは、class属性に任意の文字列を格納します。

```
class(one_play) <- "slots"
```

それでは、このslotsクラスのためにS3プリントメソッドを書きましょう。このメソッドは特別なことをする必要はありません。one_playを表示する必要すらないのです。しかし、print.slotsという名前でなければなりません。名前が違えばUseMethodはこのメソッドを見つけられなくなります。また、メソッドは、printと同じ引数を取らなければなりません。そうでなければ、print.slotsに引数を渡すときにRがエラーを出します。

```
args(print)
## function (x, ...)
## NULL

print.slots <- function(x, ...) {
  cat("I'm using the print.slots method")
}
```

このメソッドは動作するでしょうか。もちろんです。そしてそれだけではありません。Rは、printメソッドを使ってone_playの内容を表示します。しかし、このメソッドはあまり役に立たないので削除します。もっとよいメソッドは、すぐあとで書きます。

```
print(one_play)
## I'm using the print.slots method

one_play
## I'm using the print.slots method

rm(print.slots)
```

Rオブジェクトの中には複数のクラスを持つものがあります。たとえば、Sys.timeの出力には2つのクラスがあります。UseMethodはプリントメソッドを探すときにどちらのクラスを使うのでしょうか。

```
now <- Sys.time()
attributes(now)
## $class
## [1] "POSIXct" "POSIXt"
```

UseMethodは、まずオブジェクトのクラスベクトルに含まれる第1のクラスに一致するメソッドを探します。それが見つからなければ、第2のクラスに一致するメソッドを探します（クラスベクトルにもっと多くのクラスが含まれる場合は、第3、第4…に続きます）。

プリントメソッドを持つクラスがないオブジェクトをprintに渡すと、UseMethodは、一般的な条件を処理するように書かれた特殊メソッドのprint.defaultを呼び出します。

では、このシステムを使って、スロットマシンの出力のためによりよいプリントメソッドを作りましょう。

練習問題

slotsクラスのために新しいプリントメソッドを書いてください。このメソッドは、slot_displayを呼び出して、きれいに整形されたスロットマシン出力を返すものとします。

このメソッドにはどのような名前を付けなければなりませんか？

面倒な仕事はすべてslot_displayを書いたときに終わらせてしまっているので、よいprint.slotsメソッドを書くのは恐ろしく簡単です。たとえば、次のメソッドで十分動作します。ただし、UseMethodがこのメソッドを見つけられるようにするために、メソッド名をprint.slotsにすることは間違えないようにしましょう。また、UseMethodが問題なくprint.slotsに引数を渡せるようにするために、printと同じ引数を取るようにすることも大切です。

```
print.slots <- function(x, ...) {
  slot_display(x)
}
```

これで、Rは、slotsクラスのオブジェクトを表示するときに（そして、slotsクラスのオブジェクトを表示するときに限り）、自動的にslot_displayを使うようになります。

```
one_play
## B 0 B
## $0
```

それでは、スロットマシンのすべての出力がslotsクラスを持つようにしましょう。

練習問題

出力のclass属性にslotsをセットするようにplay関数を書き換えてください。

```
play <- function() {
  symbols <- get_symbols()
```

```
    structure(score(symbols), symbols = symbols)
  }
```

出力のclass属性は、symbols属性を設定するのと同時に設定できます。structure呼び出しに、単純にclass = "slots"を追加してください。

```
play <- function() {
  symbols <- get_symbols()
  structure(score(symbols), symbols = symbols, class = "slots")
}
```

これで、スロットマシンのすべての出力は、slotsクラスが設定されます。

```
class(play())
## "slots"
```

そこで、Rは正しいスロットマシン形式で出力を表示します。

```
play()
## BB BB BBB
## $5

play()
## BB 0 0
## $0
```

8.5 クラス

S3システムを使えば、オブジェクトの堅牢な新クラスを作ることができます。すると、Rはクラスのオブジェクトを首尾一貫した妥当な方法で処理します。クラスを作るには、次のようにします。

1. クラスの名前を選ぶ。
2. クラスの個々のインスタンスにclass属性を与える。
3. クラスのオブジェクトで必要になりそうなジェネリック関数のためにクラスメソッドを書く。

多くのRパッケージは、同じ方法で作られたクラスを基礎としています。この作業は単純ですが、簡単ではないかもしれません。たとえば、定義済みのクラスにいくつのメソッドがあるかを考えてみましょう。

class 引数（入力として文字列を受け付けます）を付けて methods を呼び出してみましょう。methods は、そのクラスのために書かれたすべてのメソッドを返します。methods は、アンロードされた R パッケージのメソッドは表示できないことに注意してください。

```
methods(class = "factor")
##  [1] [.factor              [[.factor
##  [3] [[<-.factor           [<-.factor
##  [5] all.equal.factor      as.character.factor
##  [7] as.data.frame.factor as.Date.factor
##  [9] as.list.factor        as.logical.factor
## [11] as.POSIXlt.factor     as.vector.factor
## [13] droplevels.factor     format.factor
## [15] is.na<-.factor        length<-.factor
## [17] levels<-.factor       Math.factor
## [19] Ops.factor            plot.factor*
## [21] print.factor          relevel.factor*
## [23] relist.factor*        rep.factor
## [25] summary.factor        Summary.factor
## [27] xtfrm.factor
##
##    Non-visible functions are asterisked
```

この出力は、頑健で行儀のよいクラスを作るためにどれくらいの仕事が必要かを示しています。通常、すべての基本的な R 操作のためにクラスメソッドを書く必要があります。

すぐに直面する 2 つの課題について考えましょう。まず、R はオブジェクトをベクトルにまとめるときに class などの属性を取り除いてしまいます。

```
play1 <- play()
play1
##   B BBB BBB
## $5

play2 <- play()
play2
## 0 B 0
## $0

c(play1, play2)
## [1] 5 0
```

c(play1, play2) ベクトルは slots というクラス属性をすでに失っているので、R はベクトルを表示するときに print.slots を使わなくなっています。

第二に、R はオブジェクトのサブセットを作ると、オブジェクトの class などの属性を捨ててしまいます。

```
play1[1]
## [1] 5
```

この動作は、c.slotsメソッドと[.slotsメソッドを書けば防げますが、すぐに別の難題が発生します。複数のプレイのsymbols属性を結合してsymbols属性のベクトルにするにはどうすればよいでしょうか。出力のベクトルを処理できるようにprint.slotsを書き換えるにはどうすればよいでしょうか。これらの問題の解決方法を探す仕事は読者にお任せします。しかし、データサイエンティストは、通常この種の大規模プログラミングに挑む必要はないでしょう。

私たちの場合、slotsオブジェクトのグループを1つのベクトルに結合するときには、slotsオブジェクトをただの賞金額に還元してしまうと非常に便利です。

8.6 S3とデバッグ

R関数を理解しようとしているときには、S3が煩わしく感じられることがあります。コード本体にUseMethod呼び出しが含まれていると、関数が何をしているのかがわかりにくくなるのです。しかし、今はもうUseMethodがクラス固有メソッドを呼び出すことがわかっているので、メソッドを直接探して分析することができるでしょう。メソッドは、<function.class>という形式の名前を持つ関数があればそうですが、<function.default>という場合もあります。また、methods関数を使えば、関数やクラスにどのメソッドがあるかもわかります。

8.7 S4とR5

Rには、クラス固有の動作を作り出すシステムがほかに2つあります。それらはS4、R5（または参照クラス）と呼ばれています。これらのシステムは、S3よりも使い方がずっと難しく、そのためおそらくあまり使われていません。しかし、これらはS3が持たないセーフガードを持っています。独自のジェネリック関数の書き方、使い方など、これらのシステムについて詳しく学びたい場合には、ハドレー・ウィッカム（Hadley Wickham）の『Advanced R』（Chapman & Hall/CRC The R Series、邦題『R言語徹底解説』共立出版刊）をお勧めします。

8.8 まとめ

値はRで情報を格納する唯一の場所ではなく、関数もユニークな動作を作るための唯一の方法ではありません。RのS3システムを使えば、両方を実現することができます。S3システムは、Rでオブジェクト固有の動作を簡単に作れるようにしてくれます。言い換えれば、これはR版のOOP（オブジェクト指向プログラミング）です。このシステムは、ジェネリック関数によって実装されています。ジェネリック関数は、入力のクラス属性を参照し、クラス固有メソッドを呼び出して出力を生成します。多くのS3メソッドは、オブジェクトの属性に格納されている補助情報を探して利用します。よく使われるR関数の多くはS3ジェネリック関数になっています。

RのS3システムは、データサイエンスの仕事よりもコンピュータサイエンスの仕事で役に立つ機能ですが、S3の知識はデータサイエンティストとしてのRでの仕事のトラブルシューティングに役に立つことがあります。

決められたことを行わせるためのRコードの書き方についてはずいぶんわかってきましたが、その仕事を反復することについてはどうでしょうか。データサイエンティストは、数千回、いや場合によっては数百万回も仕事を繰り返すことがあります。なぜでしょうか？ 反復によって結果をシミュレートしたり確率を予測したりすることができるようになるからです。9章では、Rのfor、while関数で反復処理を自動化する方法を説明します。forを使ってさまざまなスロットマシンをシミュレートし、払戻率を計算します。

9章 ループ

ループは、仕事を反復するためのRの方法です。Rはループ機能を持つため、シミュレーションのプログラミングに役立つツールになっています。この章では、Rのループツールの使い方を学びます。

score 関数を使って現実の問題を解決しましょう。

このスロットマシンは、詐欺だと非難された実際のマシンをモデルにして作られています。このマシンは1ドルあたり40セントずつ払い戻しているように見えました。しかしメーカーは1ドルあたり92セント払い戻していると主張していました。scoreプログラムを使えば、実際の払戻率を計算できます。払戻率は、スロットマシンの賞金の期待値です。

9.1 期待値

無作為な事象の期待値は加重平均の一種です。期待値は、個々の可能な事象が持つ値にその事象が発生する確率を掛けたものの合計です。

$$E(x) = \sum_{i=1}^{n} (x_i \cdot P(x_i))$$

期待値は、スロットマシンを無限回プレイしたときに得られる賞金の平均額だと考えることができます。この式を使って単純な期待値を計算してみましょう。次に、その式をスロットマシンに適用します。

第I部で作ったサイコロのことを思い出してみてください。

```
die <- c(1, 2, 3, 4, 5, 6)
```

私たちがサイコロを振るたびに、サイコロは無作為に選択された値を返します。サイコロを振ったときの期待値は、次の式で計算できます。

$$E(\text{die}) = \sum_{i=1}^{n} (\text{die}_i \cdot P(\text{die}_i))$$

ここで、die_i は、サイコロを振ったときに得られる値で、1、2、3、4、5、6です。そしてP(die_i) は、それぞれの値が出る確率です。サイコロが歪みがなければ、どの値も1/6という同じ確率で発生するはずです。そこで、私たちの式は、次のように単純化されます。

$$\begin{aligned} E(\text{die}) &= \sum_{i=1}^{n} (\text{die}_i \cdot P(\text{die}_i)) \\ &= 1 \cdot \frac{1}{6} + 2 \cdot \frac{1}{6} + 3 \cdot \frac{1}{6} + 4 \cdot \frac{1}{6} + 5 \cdot \frac{1}{6} + 6 \cdot \frac{1}{6} \\ &= 3.5 \end{aligned}$$

歪みのないサイコロを振ったときの期待値は3.5ということです。これはサイコロの平均値でもあります。すべての値が同じ確率で出る場合、期待値と平均値は等しくなります。

しかし、個々の値が出る確率が異なる場合にはどうでしょうか。たとえば、2章では、1、2、3、4、5が出る確率は1/8、6が出る確率は3/8というウェイトのかかったサイコロを作りました。同じ数式を使えば、この条件での期待値を計算できます。

$$\begin{aligned} E(\text{die}) &= 1 \cdot \frac{1}{8} + 2 \cdot \frac{1}{8} + 3 \cdot \frac{1}{8} + 4 \cdot \frac{1}{8} + 5 \cdot \frac{1}{8} + 6 \cdot \frac{3}{8} \\ &= 4.125 \end{aligned}$$

このように、ウェイトのかかったサイコロの期待値は、出目の平均値とは異なる値になります。ウェイトのかかったサイコロを無限回振ると、出る値の平均値は4.125となり、歪みのないサイコロと比べて大きな値になります。

この2つの期待値を求めるときの3つの手順が、前回と共通であることに注意しましょう。

1. まず、出る可能性のあるすべての結果を書き出した。
2. 個々の結果の値をはっきりさせた（この場合はサイコロの出目の値）。
3. 個々の結果が発生する確率を計算した。

すると、期待値はステップ2の個々の値にステップ3の対応する確率を掛けたものの合計になります。

この手順を使えば、もっと高度な期待値を計算できます。たとえば、2個のウェイトがかかったサイコロの期待値を計算することができます。ステップバイステップでこれをしてみましょう。

まず、出る可能性のあるすべての結果を書き出しましょう。2つのサイコロを振ったとき、合計で36種類の結果があります。たとえば、(1, 1) は、第1のサイコロが1で第2のサイコロも1のときを表します。(1, 2) は、第1のサイコロが1で第2のサイコロが2です。このような組合せをいちいち書き出すのは面倒な作業ですが、Rには、それを助けてくれる関数があります。

9.2 expand.grid

Rのexpand.grid関数は、*n*個のベクトルに含まれる要素のすべての組合せをすばやく書き出すことができます。たとえば、2個のサイコロが出す目のすべての組合せも書き出せます。2個のdieを引数としてexpand.gridを呼び出してください。

```
rolls <- expand.grid(die, die)
```

expand.gridは、第1のdieベクトルの要素と第2のdieベクトルの要素のすべての組合せを含むデータフレームを返します。この出力には、36種類の値の組合せがすべて含まれています。

```
rolls
##    Var1 Var2
## 1     1    1
## 2     2    1
## 3     3    1
## ...
## 34    4    6
## 35    5    6
## 36    6    6
```

expand.gridは、必要なら3つ以上のベクトルを対象として使うことができます。たとえば、expand.grid(die, die, die)を実行すれば、3個のサイコロを振ったときのすべての組合せ、expand.grid(die, die, die, die)を実行すれば、4個のサイコロを振ったときのすべての組合せを書き出すことができます。expand.gridは、いつでも*n*個のベクトルに含まれる*n*個の要素のすべての組合せを含むデータフレームを返します。個々の組合せには、個々のベクトルの要素がかならず1個ずつ含まれます。

結果のリストを作ったら、それぞれの値を確定できます。値は2個のサイコロの出目の合計であり、Rの要素単位の実行を使えば簡単に計算できます。

```
rolls$value <- rolls$Var1 + rolls$Var2
head(rolls, 3)
##   Var1 Var2 value
## 1    1    1     2
## 2    2    1     3
## 3    3    1     4
```

Rは、加算する前に個々のベクトルの要素を対応付けます。そのため、valueの各要素は、同じ行のVar1とVar2の値の和になっています。

次に、個々の組合せが発生する確率を計算しなければなりません。これは確率の基本公式で計算できます。

> n 個の独立した無作為の事象がすべて発生する確率は、個々の無作為な事象が発生する確率の積になる。

より簡潔に書くと、次の通りです。

$$P(A\text{かつ}B\text{かつ}C\text{かつ}\ldots) = P(A) \cdot \mathrm{P}(B) \cdot P(C) \cdot \ldots$$

そこで、(1, 1) が出る確率は、第1のサイコロで1が出る確率の1/8と第2のサイコロで1が出る確率の1/8を掛けた値に等しくなります。

$$\begin{aligned} P(1\text{かつ}1) &= P(1) \cdot P(1) \\ &= \frac{1}{8} \cdot \frac{1}{8} \\ &= \frac{1}{64} \end{aligned}$$

そして、(1, 2) が出る確率も、次のようになります。

$$\begin{aligned} P(1\text{かつ}2) &= P(1) \cdot P(2) \\ &= \frac{1}{8} \cdot \frac{1}{8} \\ &= \frac{1}{64} \end{aligned}$$

以下、同様に考えます。ここで、Rでこの確率を計算する3ステップのプロセスを紹介しましょう。まず、`Var1`の個々の値が出る確率をルックアップできるようにします。次のようなルックアップテーブルを作れば簡単です。

```
prob <- c("1" = 1/8, "2" = 1/8, "3" = 1/8, "4" = 1/8, "5" = 1/8, "6" = 3/8)

prob
##     1     2     3     4     5     6
## 0.125 0.125 0.125 0.125 0.125 0.375
```

`rolls$Var1`を使ってこのテーブルのサブセットを作れば、`Var1`の値をキーとする確率のベクトルが得られます。

```
rolls$Var1
## 1 2 3 4 5 6 1 2 3 4 5 6 1 2 3 4 5 6 1 2 3 4 5 6 1 2 3 4 5 6 1 2 3 4 5 6

prob[rolls$Var1]
##     1     2     3     4     5     6     1     2     3     4     5     6
## 0.125 0.125 0.125 0.125 0.125 0.375 0.125 0.125 0.125 0.125 0.125 0.375
##     1     2     3     4     5     6     1     2     3     4     5     6
## 0.125 0.125 0.125 0.125 0.125 0.375 0.125 0.125 0.125 0.125 0.125 0.375
```

```
##     1     2     3     4     5     6     1     2     3     4     5     6
## 0.125 0.125 0.125 0.125 0.125 0.375 0.125 0.125 0.125 0.125 0.125 0.375

rolls$prob1 <- prob[rolls$Var1]
head(rolls, 3)
##   Var1 Var2 value prob1
## 1    1    1     2 0.125
## 2    2    1     3 0.125
## 3    3    1     4 0.125
```

次に、Var2の個々の値が出る確率をルックアップできるようにします。

```
rolls$prob2 <- prob[rolls$Var2]

head(rolls, 3)
##   Var1 Var2 value prob1 prob2
## 1    1    1     2 0.125 0.125
## 2    2    1     3 0.125 0.125
## 3    3    1     4 0.125 0.125
```

そして、prob1とprob2を掛ければ個々の組合せが出る確率が計算できます。

```
rolls$prob <- rolls$prob1 * rolls$prob2

head(rolls, 3)
##   Var1 Var2 value prob1 prob2     prob
## 1    1    1     2 0.125 0.125 0.015625
## 2    2    1     3 0.125 0.125 0.015625
## 3    3    1     4 0.125 0.125 0.015625
```

個々の結果とそれぞれの値と確率がわかったので、期待値は簡単に計算できます。期待値は、サイコロの値に確率を掛けたものの合計です。

```
sum(rolls$value * rolls$prob)
## 8.25
```

そういうわけで、2つのウェイトがかかったサイコロの期待値は8.25になります。2個のウェイトがかかったサイコロを無限回振ったときに出る値の平均は8.25になるということです（興味のある読者のために言っておくと、歪みのない2個のサイコロを振るときの期待値は7です。クラップスなどのサイコロゲームで7があれだけ大きな役割を果たすのはそのためです)。

ウォーミングアップが済んだので、この方法を使ってスロットマシンの賞金額の期待値を計算しましょう。先ほどとまったく同じ手順で計算を進めます。

1. スロットマシンをプレイした結果をすべて書き出す。3つのスロットシンボルのすべての組合せを書くことになる。

2. 個々の組合せが出る確率を求める。
3. 個々の組合せから得られる賞金を書き出す。

完成したら、次のようなデータセットが得られます。

```
## Var1 Var2 Var3 prob1 prob2 prob3     prob prize
##   DD   DD   DD  0.03  0.03  0.03 0.000027   800
##    7   DD   DD  0.03  0.03  0.03 0.000027     0
##  BBB   DD   DD  0.06  0.03  0.03 0.000054     0
## ...
```

期待値は、賞金に確率を掛けた値の合計です。

$$E(\text{prize}) = \sum_{i=1}^{n} (\text{prize}_i \cdot P(\text{prize}_i))$$

用意はいいですか。

> **練習問題**
>
> expand.gridを使ってwheelベクトルに含まれるシンボル3個のすべての組合せを含むデータフレームを作ってください。
>
> ```
> wheel <- c("DD", "7", "BBB", "BB", "B", "C", "0")
> ```
>
> なお、expand.grid呼び出しには、stringsAsFactors = FALSE引数をかならず付けてください。そうしないと、expand.gridは組合せをファクタとして保存し、score関数が動作しなくなってしまいます。

3つのシンボルの組合せをまとめたデータフレームを作るには、3個のwheelを引数としてexpand.gridを呼び出さなければなりません。結果は343行のデータフレームになります。各行が3個のスロットシンボルの一意な組合せになります。

```
combos <- expand.grid(wheel, wheel, wheel, stringsAsFactors = FALSE)

combos
##     Var1 Var2 Var3
## 1     DD   DD   DD
## 2      7   DD   DD
## 3    BBB   DD   DD
```

```
## 4     BB  DD  DD
## 5      B  DD  DD
## 6      C  DD  DD
## ...
## 341    B   0   0
## 342    C   0   0
## 343    0   0   0
```

では、個々の組合せを得るための確率を計算しましょう。get_symbolsで使われているprob変数の確率を使います。この確率は、スロットマシンがシンボルを出すときに個々のシンボルが選ばれる頻度で、マニトバVLTを345回プレイしたときの観察結果から計算されています。0の確率がもっとも高く（0.52）、チェリーの確率がもっとも低く（0.01）なっています。

```
get_symbols <- function() {
  wheel <- c("DD", "7", "BBB", "BB", "B", "C", "0")
  sample(wheel, size = 3, replace = TRUE,
    prob = c(0.03, 0.03, 0.06, 0.1, 0.25, 0.01, 0.52))
}
```

練習問題

上の確率をルックアップテーブルに書き換えてください。テーブル内ではどのような名前を使ったらよいでしょうか。

名前は、調べたい入力に一致していなければなりません。この場合、入力はVar1、Var2、Var3に現れる文字列になります。

```
prob <- c("DD" = 0.03, "7" = 0.03, "BBB" = 0.06,
  "BB" = 0.1, "B" = 0.25, "C" = 0.01, "0" = 0.52)
```

では、確率を調べましょう。

練習問題

Var1の値を得る確率を調べてください。そして、その確率をprob1という名前の列にしてcombosに追加してください。同じことをVar2（prob2）、Var3（prob3）にも行ってください。

ルックアップテーブルの値は、Rの選択の記法を使って調べることを思い出しましょう。値は、シンボルをキーにして取得します。

```
combos$prob1 <- prob[combos$Var1]
combos$prob2 <- prob[combos$Var2]
combos$prob3 <- prob[combos$Var3]

head(combos, 3)
##   Var1 Var2 Var3 prob1 prob2 prob3
## 1   DD   DD   DD  0.03  0.03  0.03
## 2    7   DD   DD  0.03  0.03  0.03
## 3  BBB   DD   DD  0.06  0.03  0.03
```

では、個々の組合せが出る確率の合計はどのようにして計算すればよいでしょうか。3つのスロットシンボルはどれも独立に選ばれているので、サイコロの確率のときと同じ公式を使います。

$$P(A \text{かつ} B \text{かつ} C...) = P(A) \cdot \mathrm{P}(B) \cdot P(C) \cdot ...$$

練習問題

個々の組合せの確率をすべて計算してください。それを prob という名前の列として combos に追加し、結果をチェックしてください。

計算は、確率の合計を出せばチェックできます。スロットマシンをプレイすれば、これらの中のどれか1つの組合せが現れるので、確率を合計すれば1になるはずです。逆に言えば、確率1の中で、組合せは現れるのです。

個々の組合せの確率は、要素ごとに順次実行されて一発で計算できます。

```
combos$prob <- combos$prob1 * combos$prob2 * combos$prob3

head(combos, 3)
##   Var1 Var2 Var3 prob1 prob2 prob3    prob
## 1   DD   DD   DD  0.03  0.03  0.03 2.7e-05
## 2    7   DD   DD  0.03  0.03  0.03 2.7e-05
## 3  BBB   DD   DD  0.06  0.03  0.03 5.4e-05
```

確率の合計は1になるので、計算は正しいものと考えられます。

```
sum(combos$prob)
## 1
```

期待値はあと一歩で得られます。combosの個々の組合せの賞金をはっきりさせなければなりません。賞金は、scoreで計算できます。たとえば、combosの第1行の賞金は、次のようにして計算できます。

```
symbols <- c(combos[1, 1], combos[1, 2], combos[1, 3])
## "DD" "DD" "DD"

score(symbols)
## 800
```

しかし、行は343もあります。このように手作業で賞金を計算していたらうんざりしてしまうでしょう。作業を自動化してRに任せた方がよいはずです。forループを使えばそれが可能となります。

9.3 forループ

forループは、一連の入力の個々の要素について一度ずつ同じコードを何回も繰り返し実行します。forループは、「あれのすべての値についてこれをして」とRに言えるようにします。Rの構文では、このことを次のように書きます。

```
for (value in that) {
  this
}
```

thatオブジェクトは、オブジェクトを集めたもの（多くの場合は数値や文字列のベクトルです）でなければなりません。forループは、thatの個々のメンバーにつき一度ずつ波カッコの間のコードを実行します。たとえば、次のforループは、文字列のベクトルの個々の要素について一度ずつprint("one run")を実行します。

```
for (value in c("My", "first", "for", "loop")) {
  print("one run")
}
## "one run"
## "one run"
## "one run"
## "one run"
```

forループの中のvalueは、関数に対する引数のように機能します。forループは、valueという名前のオブジェクトを作って、ループを実行するたびにvalueに新しい値を割り当てます。valueオブジェクトを呼び出せば、ループ内のコードはこの値にアクセスできます。

forループはvalueにどんな値を割り当てるのでしょうか。forループはまず第1要素をvalueに割り当て、ループを次に実行するときには第2要素をvalueに割り当てます。すべての要素が

valueに割り当てられるまで、これを繰り返します。たとえば、下のforループはprint(value)を4回実行し、毎回c("My", "second", "for", "loop")の要素を1つずつ出力します。

```
for (value in c("My", "second", "for", "loop")) {
  print(value)
}
## "My"
## "second"
## "for"
## "loop"
```

1回目の実行では、print(value)のvalueが"My"に置き換えられます。2回目の実行では、"second"に置き換えられます。forがベクトルのすべての要素について一度ずつprint(value)を実行するまで、置き換えが行われます。

ループ実行後にvalueを見ると、ベクトルの最後の要素の値がまだ残っていることがわかります。

```
value
## "loop"
```

さて、これまでforループ内でvalueというシンボルを使ってきましたが、そのことに特別な意味はありません。forに続くカッコとinの間に書いてありさえすれば、どんなシンボルを使っても同じことができます。

```
for (word in c("My", "second", "for", "loop")) {
  print(word)
}
for (string in c("My", "second", "for", "loop")) {
  print(string)
}
for (i in c("My", "second", "for", "loop")) {
  print(i)
}
```

シンボル選びは慎重に

Rは、呼び出した環境の中でループを実行します。そのため、ループがその環境にすでにあったオブジェクト名を使うと困ったことになります。ループは自分が作ったオブジェクトで既存オブジェクトを上書きしてしまいます。これは、inの前のシンボルにも当てはまります。

for ループの対象はオブジェクトの集合

多くのプログラミング言語では、for ループはオブジェクトの集合ではなく、整数を操作して反復するように作られています。最初の値と最後の値、ループを一度実行するたびに加える値をループに渡すのです。すると、ループは最後の値を越えるまで反復実行をします。

整数の集合を使って for ループを反復させれば、R でもこの効果を再現できますが、R の for ループは整数列ではなく、集合のメンバーを対象として実行されることを見失わないようにしてください。

for ループは、コードの一部を集合の各要素に結び付けられるので、プログラミングでは非常に役に立ちます。たとえば、for ループを使えば、combos の各行について一度ずつ score を実行するようなことができます。しかし、R の for ループには、実際に使い始める前に知っておきたい欠点があります。for ループは出力を返さないのです。

for ループはラスベガスのようなもので、for ループの中で起きたことは for ループの中だけで意味を持ちます。for ループの成果を使いたければ、処理の過程で出力を保存するような for ループを書かなければなりません。

先ほど示した例は、出力を返しているかのように見えましたが、それは誤解です。これらのサンプルが動作したのは、どんなときでも（関数、for ループ、その他のものから呼び出されても）コンソールに引数を表示する print を呼び出していたからです。print 呼び出しを取り除いてしまえば、for ループは何も返しません。

```
for (value in c("My", "third", "for", "loop")) {
  value
}
##
```

for ループからの出力を保存するには、実行の過程で出力を保存していくようなループを書かなければなりません。for ループを実行する前に空のベクトルやリストを作っておくと、そのようなことができます。for ループの中でそのベクトルなりリストなりに処理結果を書き込んでいくのです。for ループが終わったときにベクトルやリストにアクセスすると、そこにすべての処理結果が書かれているということになります。

実際にどうなるかを見てみましょう。次のコードは、長さ 4 の空ベクトルを作ります。

```
chars <- vector(length = 4)
```

次のループは、このベクトルに文字列を書いていきます。

```
words <- c("My", "fourth", "for", "loop")

for (i in 1:4) {
  chars[i] <- words[i]
}
```

```
chars
## "My"     "fourth" "for"    "loop"
```

通常、このアプローチは、forループの対象である集まりに変更を加えなければならないときに使われます。そこで、オブジェクトのコレクションではなく、元のオブジェクトと格納先のベクトルの両方の添字として使える整数のコレクション使ってforループを反復させています。このアプローチは、Rでは非常によく見られるものです。実際のコーディングでは、コードを実行するためというよりも、コードの実行結果をベクトルやリストに書き込んでいくためにforループを使っているということがよくあるはずです。

では、forループを使ってcombosの各行の賞金を計算しましょう。まず、combosにforループの結果を格納するための新しい列を作ります。

```
combos$prize <- NA

head(combos, 3)
##   Var1 Var2 Var3 prob1 prob2 prob3    prob prize
## 1   DD   DD   DD  0.03  0.03  0.03 2.7e-05    NA
## 2    7   DD   DD  0.03  0.03  0.03 2.7e-05    NA
## 3  BBB   DD   DD  0.06  0.03  0.03 5.4e-05    NA
```

このコードはprizeという名前の新しい列を作って、NAをセットします。Rはリサイクル規則を使って列のすべての値にNAを割り当てます。

練習問題

combosが持つ343行すべてにscoreを実行するforループを作ってください。ループは、combosのi行の冒頭3エントリを引数としてscoreを実行し、結果をcombos$prizeの$i$番目のエントリに格納するものとします。

combosの各行に対してscoreを実行するには、次のようにします。

```
for (i in 1:nrow(combos)) {
  symbols <- c(combos[i, 1], combos[i, 2], combos[i, 3])
  combos$prize[i] <- score(symbols)
}
```

forループを実行したあと、combos$prizeには各行の正しい賞金がセットされます。この練習問題は、score関数のテストにもなります。scoreは、すべての組合せに対して正しく動作しているように見えます。

```
head(combos, 3)
##    Var1 Var2 Var3 prob1 prob2 prob3    prob prize
## 1    DD   DD   DD  0.03  0.03  0.03 2.7e-05   800
## 2     7   DD   DD  0.03  0.03  0.03 2.7e-05     0
## 3   BBB   DD   DD  0.06  0.03  0.03 5.4e-05     0
```

これで、賞金の期待値を計算する準備が整いました。期待値は、combos$prizeとcombos$probの積の合計です。これはスロットマシンの払戻率でもあります。

```
sum(combos$prize * combos$prob)
## 0.538014
```

あれれ。期待値は0.54くらいだと言っています。これでは、長期的に見て、1ドルに対して54セントしか支払われないということになります。マニトバスロットマシンのメーカーはやはり嘘をついていたのでしょうか。

いいえそうではありません。私たちはscoreを書いたときにスロットマシンの重要な機能を1つ無視していました。ダイヤがワイルドカードになるということです。DDは賞金を挙げるためにほかのシンボルとして扱うことができるのです。ただし例外が1つあります。シンボルにすでにCが含まれていない限り、DDをCとして扱うことはできません（DDが入っていれば2ドルになるというのでは、安易過ぎるでしょう）。

DDのすばらしいところは、効果が蓄積していくことです。たとえば、B、DD、Bという組合せについて考えてみましょう。DDをBとして扱って賞金が10ドルになるというだけではありません。DDはさらに賞金を2倍の20ドルにしてくれるのです。

私たちのコードにこの動作を追加するのは、これまでに私たちが行ってきたことと比べて少し難しくなりますが、原則は同じです。ワイルドカードを使わず、今までのコードをそのまま使うこともできます。その場合、スロットマシンの払戻率は約54%になります。ワイルドカードを使うようにコードを書き換えることもできます。その場合、スロットマシンの払戻率は、メーカーの主張よりも1%高い93%になります。この払戻率は、この節で使ってきたのと同じ方法で計算できます。

応用問題

DDをワイルドカードとして扱うようにscoreを書き換える方法はたくさんあります。Rプログラマとしての力試しのために、ダイヤを正しく処理する独自バージョンのscoreを書いてみてください。

それは大変なのでもうちょっと簡単な問題に取り組みたいと思う読者は、次のscoreコードをじっくり読んでください。このコードは、私から見てエレガントで簡潔な方法でダイヤをワイルドカードとして扱うことができます。コードの各ステップの意味はわかりますか？ どのようにして求められている結果を生み出しているかを理解できますか？

次に示すのは、ダイヤをワイルドカードとして扱えるscoreです。

```
score <- function(symbols) {

  diamonds <- sum(symbols == "DD")
  cherries <- sum(symbols == "C")

  # ケースの確定
  # ダイヤはワイルドカードなので、同じシンボルが3つ揃っているか、
  # 3つともバーになっているかはダイヤ以外で考える
  slots <- symbols[symbols != "DD"]
  same <- length(unique(slots)) == 1
  bars <- slots %in% c("B", "BB", "BBB")

  # 賞金の計算
  if (diamonds == 3) {
    prize <- 100
  } else if (same) {
    payouts <- c("7" = 80, "BBB" = 40, "BB" = 25,
      "B" = 10, "C" = 10, "0" = 0)
    prize <- unname(payouts[slots[1]])
  } else if (all(bars)) {
    prize <- 5
  } else if (cherries > 0) {
    # 本物のチェリーがあるときに限り
    # ダイヤをチェリーとしてカウント
    prize <- c(0, 2, 5)[cherries + diamonds + 1]
  } else {
    prize <- 0
  }

  # ダイヤによる賞金の加算（1個ごとに2倍）
  prize * 2^diamonds
}
```

練習問題

新しいscore関数を使ったときのスロットマシンの期待値を計算してください。既存のcombosデータフレームを使うこともできますが、combos$prizeを再計算するためにforループが必要です。

期待値を更新するには、combos$prizeを更新します。

```
for (i in 1:nrow(combos)) {
  symbols <- c(combos[i, 1], combos[i, 2], combos[i, 3])
  combos$prize[i] <- score(symbols)
}
```

そして、期待値を再計算します。

```
sum(combos$prize * combos$prob)
## 0.934356
```

この結果は、メーカーの主張が正しかったことを示しています。むしろ、このスロットマシンは、メーカーが言っていたよりも太っ腹にできているようです。

9.4 whileループ

Rは、forループに似た機能として、さらにwhileループとrepeatループを持っています。whileループは、ある条件がTRUEである限り、コードチャンクを繰り返し実行します。whileループを作るには、次のようにwhileと書いたあとに条件式とコードチャンクを書きます。

```
while (condition) {
  code
}
```

whileは、ループの冒頭でconditionを実行します。conditionは論理テストでなければなりません。whileは、conditionがTRUEと評価されたら波カッコの間のコードを実行し、FALSEと評価されたらループを終了します。

conditionがTRUEからFALSEに変わるのはなぜでしょうか。おそらく、ループ内のコードによってconditionがTRUEであり続けられるかどうかが変えられるのでしょう。そういうわけで注意が必要です。whileループは、[Esc]キーを押すか、RStudioの「Console」ペインの上に表示されるストップマークのアイコンをクリックすれば止められます。このアイコンは、ループが実行を開始すると表示されます。

forループと同様に、whileループは結果を返さないので、ループから何を返すべきかを考え、ループの実行中にオブジェクトにその情報を保存しなければなりません。

whileループを使えば、下記のスロットがプレイできなくなる回数の計算のような反復回数が多様な処理を実行できます。しかし、Rでは、whileループはforループと比べてごくまれにしか使われません。

```
plays_till_broke <- function(start_with) {
  cash <- start_with
  n <- 0
  while (cash > 0) {
    cash <- cash - 1 + play()
```

```
    n <- n + 1
  }
  n
}

plays_till_broke(100)
## 260
```

9.5 repeatループ

repeatループはwhileループよりもさらに初歩的なものです。([Esc]を押して)中止を指示するか、ループを中止させるbreakコマンドに行き当たるまで、コードチャンクを反復実行します。

repeatでも、先ほど作ったスロットのプレイで資金がなくなるまでの回数をシミュレートするplays_till_brokeを作ることができます。

```
plays_till_broke <- function(start_with) {
  cash <- start_with
  n <- 0
  repeat {
    cash <- cash - 1 + play()
    n <- n + 1
    if (cash <= 0) {
      break
    }
  }
  n
}

plays_till_broke(100)
## 237
```

9.6 まとめ

Rでは、for、while、repeatループで繰り返し処理を実行することができます。forを使うには、反復実行すべきコードと反復するために必要なオブジェクトのセットを渡します。forはオブジェクトごとに一度ずつコードチャンクを実行します。ループの出力を保存したい場合には、ループの外で作られたオブジェクトに出力を割り当てます。

反復処理は、データサイエンスでは重要な役割を果たします。シミュレーションの基礎であると同時に、分散や確率の推定に役立ちます。ループは、Rで反復処理を実現するための唯一の方法ではありません(たとえば、replicateを思い出してください)が、反復処理のためにもっともよく使われる方法の1つです。

しかし、Rのループは、ほかの言語のループよりも遅くなることがあります。そのため、Rのループは評判がよくありません。この評価はかならずしも正しいとは言い切れませんが、重要な問題にスポットライトを当てていることは事実です。スピードはデータ分析においてはきわめて重要です。コードが高速に実行されれば、時間とコンピュータの処理能力が限界に達するまでにもっと大きなデータを操作でき、もっと多くのことを実行できます。10章では、Rのforループ、さらにはコード全般を高速化する方法を説明します。そこでは、ベクトル化コードと呼ばれるRの長所をすべて活用した高速コードの書き方を説明します。

10章
スピード

データサイエンティストには、スピードが必要です。コードが高速なら、もっと大きなデータを使ってもっと意欲的な仕事をすることができます。この章では、Rで高速なコードを書くためのある方法を説明します。そして、この方法を使ってスロットマシンの1千万回の実行をシミュレートします。

10.1 ベクトル化コード

コードはさまざまな方法で書くことができますが、もっとも高速なRコードは、論理テスト、添字操作、要素単位の実行の3つを利用しているのが普通です。これらはRがもっともうまく実行できる処理です。これらのものを使っているコードは、一般に**ベクトル化**という一定の特徴を備えています。この種のコードは、入力値としてベクトルを受け取り、ベクトル内の個々の値を同時に操作できます。

ベクトル化されたコードがどのようなものかを理解するために、絶対値を計算する関数について2つの例で比較してみましょう。これらはそれぞれ数値のベクトルを取り、それを絶対値（正数）のベクトルに変換します。第1の例はベクトル化されていません。abs_loopはforループを使って一度に1つずつベクトルの各要素を操作します。

```
abs_loop <- function(vec){
  for (i in 1:length(vec)) {
    if (vec[i] < 0) {
      vec[i] <- -vec[i]
    }
  }
vec
}
```

第2の例、abs_setはabs_loopをベクトル化したものです。この関数は論理添字を使ってベクトル内のすべての負数を同時に操作します。

```
abs_set <- function(vec){
  negs <- vec < 0
  vec[negs] <- vec[negs] * -1
  vec
}
```

abs_setは、Rが高速に実行できる論理テスト、添字操作、要素単位を使っているため、abs_loopよりもかなり高速です。

system.time関数を使えば、abs_setがどれくらい高速かを実際に調べることができます。system.timeはR式を引数としてとり、それを実行し、式の実行時にどれくらいの時間が経過したかを表示します。

abs_loopとabs_setを比較するためには、まず、正負の数値を格納する長いベクトルを作ります。longには1千万個の値が格納されます。

```
long <- rep(c(-1, 1), 5000000) ❶
```

❶ repは、値、または値のベクトルを繰り返します。repを使うには、値のベクトルとベクトルの反復回数を指定します。Rは、新しいベクトルとして結果を返します。

次に、system.timeを使えば、2つの関数がlongを評価するためにどれくらいの時間がかかるかを計算できます。

```
system.time(abs_loop(long)) ❶
##   user system elapsed
## 15.982  0.032  16.018

system.time(abs_set(long))
##  user system elapsed
## 0.529  0.063   0.592
```

❶ system.timeとSys.timeを混同しないでください。Sys.timeは現在の時刻を返します。

system.timeの出力の1、2列目は、プロセスのユーザーサイドとシステムサイドの呼び出しにコンピュータが何秒の時間を使ったかを示します。ユーザーサイドとシステムサイドは、OSに依存し、異なります。

3列目は、Rが式を実行している間に何秒かかったかを示します。この結果を見ると、1千万個の数値のベクトルに適用したとき、abs_setは、abs_loopの30倍の速度で絶対値を計算していることがわかります。ベクトル化コードを書けば、同程度のスピードアップが期待できます。

練習問題

既存の多くのR関数はすでにベクトル化されており、高速に実行できるように最適化されています。可能な限りこのような関数を使うようにすれば、コードをより高速にすることができます。たとえば、Rには組み込みの絶対値関数、absがあります。

absがabs_loop、abs_setとくらべてどれくらい高速に絶対値を計算しているかをチェックしてください。

absのスピードは、system.timeで計測できます。absを使うと、1千万個の数値の絶対値をわずか0.05秒で計算できます。これは、abs_setよりも0.592 / 0.054 = 10.96倍も高速で、abs_loopと比べれば300倍近くも高速です。

```
system.time(abs(long))
##  user system elapsed
## 0.037  0.018   0.054
```

10.2　ベクトル化コードの書き方

ほとんどのR関数はすでにベクトル化されているので、Rではベクトル化されたコードは簡単に書けます。これらの関数を使ったコードは、簡単にベクトル化でき、そのため高速です。ベクトル化されたコードを書くには、次のようにします。

1. プログラムの順次的なステップを実行するためにベクトル化関数を使う。
2. 並列するケースの処理のために論理添字を使う。ケース内のすべての要素を同時に操作するようにする。

abs_loopとabs_setは、この原則の具体例となっています。**図10-1**に示すように、2つの関数はともに2つの条件を扱い、1つの順次的ステップを実行しています。数値が正なら関数はその数値に手を付けず、数値が負なら関数は−1を掛けます。

ベクトルのすべての要素は、論理テストによっていずれかのケースに分類できます。Rは要素単位でテストを実行し、ケースに合うすべての要素に対してTRUEを返します。たとえば、vec < 0は、vecから負数というケースに合うすべての要素を集めてきます。論理添字を使えば、同じ論理テストを使って負数の集合を抽出できます。

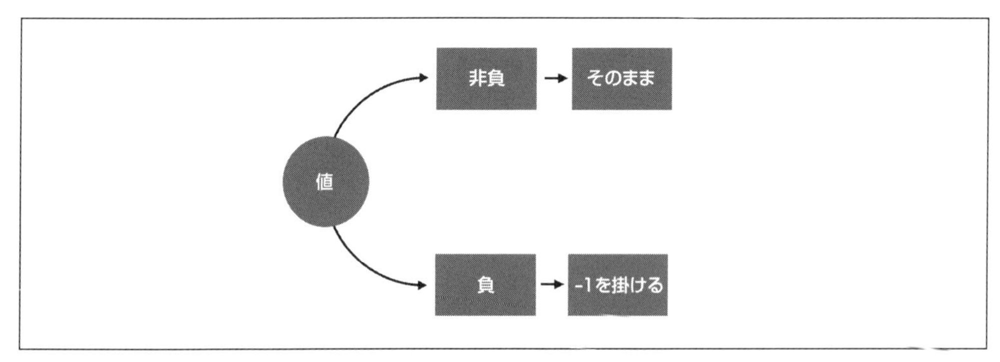

図10-1 abs_loopはforループを使ってデータを負数か非負かの2つのケースに振り分ける。

```
vec <- c(1, -2, 3, -4, 5, -6, 7, -8, 9, -10)
vec < 0
## FALSE  TRUE FALSE  TRUE FALSE  TRUE FALSE  TRUE FALSE  TRUE

vec[vec < 0]
##  -2  -4  -6  -8 -10
```

図10-1 のプランでは、ここで順次的なステップが必要になります。個々の負数に −1 を掛けなければならないのです。R の算術演算子はすべてベクトル化されているので、* を使えば、ベクトル化された形でこのステップを完了させることができます。* は、vec[vec < 0] に含まれるすべての数値に同時に −1 を掛けます。

```
vec[vec < 0] * -1
##  2  4  6  8 10
```

最後に、同じくベクトル化されている R の割り当て演算子を使えば、元の vec オブジェクトの古い集合を新しい集合で上書きできます。<- はベクトル化されているので、新しい集合の要素は古い要素の集合ときちんと対になって、要素単位の割り当てが実行されます。そのため、**図10-2** に示すように、個々の負数は絶対値に置き換えられます。

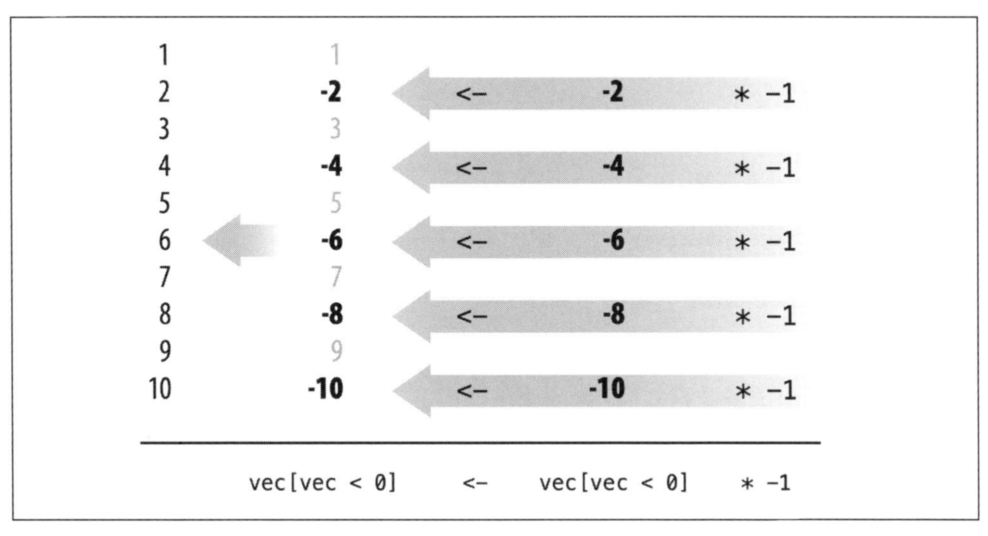

図10-2 論理添字を使って値のコレクションにその場で変更を加える。Rの算術、割り当て演算子はベクトル化されているので、複数の値を同時に操作、更新することができる。

練習問題

次の関数は、スロットシンボルのベクトルを新しいスロットシンボルのベクトルに変換します。これをベクトル化することはできますか？ ベクトル化バージョンはどれくらい高速になりますか？

```
change_symbols <- function(vec){
  for (i in 1:length(vec)){
    if (vec[i] == "DD") {
      vec[i] <- "joker"
    } else if (vec[i] == "C") {
      vec[i] <- "ace"
    } else if (vec[i] == "7") {
      vec[i] <- "king"
    }else if (vec[i] == "B") {
      vec[i] <- "queen"
    } else if (vec[i] == "BB") {
      vec[i] <- "jack"
    } else if (vec[i] == "BBB") {
      vec[i] <- "ten"
    } else {
      vec[i] <- "nine"
    }
  }
  vec
}
```

```
vec <- c("DD", "C", "7", "B", "BB", "BBB", "0")

change_symbols(vec)
## "joker" "ace"   "king"  "queen" "jack"  "ten"   "nine"

many <- rep(vec, 1000000)

system.time(change_symbols(many))
##   user  system elapsed
## 30.057   0.031  30.079
```

図 10-3 に示すように、change_symbols は、for ループを使って値を 7 種類の場合に分類しています。

change_symbols をベクトル化するには、個々の条件を見分けられる論理テストを作ります。

```
vec[vec == "DD"]
## "DD"

vec[vec == "C"]
## "C"

vec[vec == "7"]
## "7"

vec[vec == "B"]
## "B"

vec[vec == "BB"]
## "BB"

vec[vec == "BBB"]
## "BBB"

vec[vec == "0"]
## "0"
```

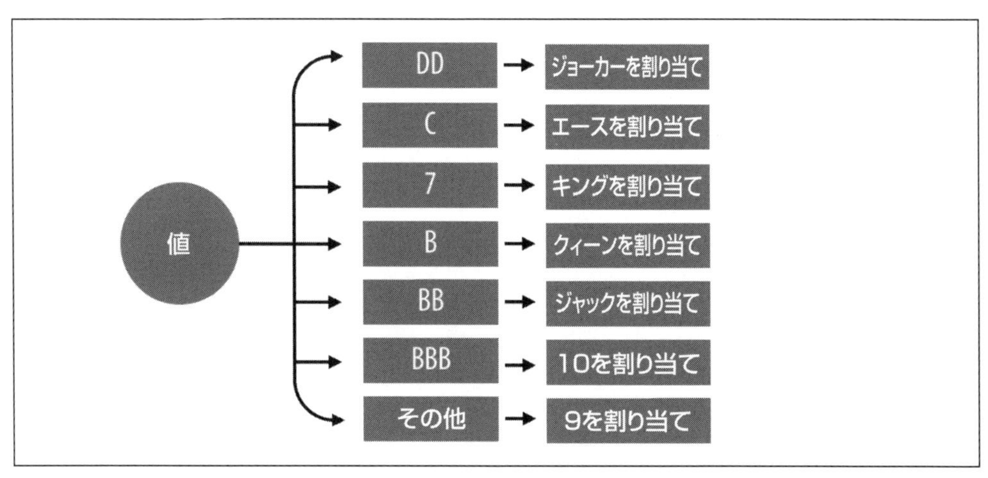

図10-3 change_symbolsは7つの場合のそれぞれに対して少し異なることを行う。

そして、個々の条件についてシンボルを書き換えられるコードを書きます。

```
vec[vec == "DD"] <- "joker"
vec[vec == "C"] <- "ace"
vec[vec == "7"] <- "king"
vec[vec == "B"] <- "queen"
vec[vec == "BB"] <- "jack"
vec[vec == "BBB"] <- "ten"
vec[vec == "0"] <- "nine"
```

これを関数にまとめれば、約14倍高速に実行されるベクトル化バージョンのchange_symbolsになります。

```
change_vec <- function (vec) {
  vec[vec == "DD"] <- "joker"
  vec[vec == "C"] <- "ace"
  vec[vec == "7"] <- "king"
  vec[vec == "B"] <- "queen"
  vec[vec == "BB"] <- "jack"
  vec[vec == "BBB"] <- "ten"
  vec[vec == "0"] <- "nine"
  vec
}

system.time(change_vec(many))
##  user  system elapsed
## 1.994   0.059   2.051
```

ルックアップテーブルを使えばもっとよくなります。ルックアップテーブルは、Rのベクトル化された選択処理を使っているので、ベクトル化された方法です。

```
change_vec2 <- function(vec){
  tb <- c("DD" = "joker", "C" = "ace", "7" = "king", "B" = "queen",
    "BB" = "jack", "BBB" = "ten", "0" = "nine")
  unname(tb[vec])
}

system.time(change_vec(many))
##  user  system elapsed
## 0.687   0.059   0.746
```

ルックアップテーブルバージョンは、最初の関数の40倍も高速になります。

abs_loop、change_symbolsの例は、ベクトル化コードの特徴をよく示しています。プログラマたちは、とかくchange_symbolsのように不必要なforループに頼ってベクトル化されていない遅いコードを書いてしまいます。これは、Rに対する一般的な誤解に基づくものだと思います。Rのforループは、ほかの言語のforループと同じようには動作しません。そのため、Rでは他の言語とは異なるコードの書き方をすべきなのです。

CやFortranなどの言語でコードを書くときには、コンピュータがコードを実行できるようにするために、コードのコンパイルという作業が必要になります。このコンパイルステップで、コード内のforループがコンピュータのメモリの使い方が最適化されるため、forループは非常に高速になります。そういうわけで、多くのプログラマたちは、CやFortranでコードを書くときにはforループを多用します。

しかし、Rでプログラムを書くときには、コードのコンパイルという作業はありません。コンパイルがない分、Rによるプログラミングはユーザーフレンドリーですが、CやFortranのようにループをスピードアップするチャンスもなくなってしまいます。その結果、ループは、論理テスト、添字操作、要素単位の実行というもう1つの選択肢よりも遅くなってしまうのです。forループではなく、もっと高速な処理でコードを書けるときには、そうすべきです。どんな言語でプログラムを書く場合でも、もっとも高速に動作する言語の特性を利用するように心がけましょう。

ifとfor

ベクトル化できるforループは、ifとforの組合せを探すと見つけやすくなります。ifは一度に1つの値しか操作できないので、forループと組み合わせて使われることが多いのです。forループは、値のベクトル全体をifで操作できるようにしてくれます。通常、この組合せは、論理添字に置き換えられます。処理結果は同じになりますが、論理添字を使った方がずっと高速になります。

だからといって、Rではforループを絶対に使わないようにすべきだということではありません。Rにも、forループが効果的な場面はいくつもあります。forループは、ベクトル化コードでは再現できないような基本的な処理をすることができます。forループはわかりやすく、少し注意していればRのforループでも十分高速に実行できます。

10.3 Rで高速なforループを書く方法

個々のループを最適化するための2つのことを行えば、forループを飛躍的に速くすることができます。まず第一に、できる限り多くのことをforループの外で行うことです。forループの中に入れたコードは、何度も何度も実行されます。一度だけ実行すればよいようなコードは、繰り返しを避けるためにループの外に移しましょう。

第二に、ループとともに使う保存用オブジェクトを、ループのすべての結果を格納できるくらいに大きなものにすることです。たとえば、下のループは、ともに百万個の値を格納しなければなりません。第1のループは、初期状態の長さが百万のオブジェクト（output）に値を格納します。

```
loop <- function() {
  output <- rep(NA, 1000000)
  for (i in 1:1000000) {
    output[i] <- i + 1
  }
}
system.time(loop())
##    user  system elapsed
##   1.709   0.015   1.724
```

第2のループは、初期状態の長さが1のオブジェクトに値を格納します。Rは、ループを実行しながら、オブジェクトのサイズを百万個分まで拡張していきます。このループのコードは第1のループのコードと非常によく似ていますが、第1のループよりも37分も余分に時間がかかります。

```
loop <- function() {
  output <- NA
  for (i in 1:1000000) {
    output[i] <- i + 1
  }
}
system.time(loop())
## user system elapsed
## 1689.537 560.951 2249.927
```

2つのループはまったく同じことをしているのに、どうしてこのような違いが生じるのでしょうか。第2のループでは、Rはループの1回分を実行するたびにoutputの大きさを1ずつ拡張しなければならないからです。Rは、そのために、より大きなオブジェクトを格納できる新しい場所をコンピュータのメモリから見つけ出してこなければなりません。次に、その位置にoutputベクトルをコピーし、古いバージョンのoutputを消去してから、ループの次の1回分に進みます。ループが終わるまでにRはコンピュータのメモリに百万回もoutputを書き直さなければならないのです。

最初のコードでは、outputの大きさは最後まで変わりません。Rはメモリ内に1個のoutputオブジェクトを定義し、forループの毎回の実行でそのメモリを使います。

Rの作者たちはCやFortranなどの低水準言語を使ってRの基本関数を書いており、それらの多くはforループを使っています。しかし、これらの基本関数は、Rの一部になるまでにコンパイル、最適化されているので、高速になっているのです。

関数の定義に.Primitive、.Internal、.Callのどれかが書かれている場合、その関数は他の言語からコードを呼び出していると見て間違いありません。その関数を使うと、その言語のスピード上のメリットを享受できます。

10.4 ベクトル化されたコードの実際

ベクトル化されたコードがデータサイエンティストにとってどれくらい役に立つかを理解するために、再びスロットマシンプロジェクトについて考えてみましょう。9章では、スロットマシンの正確な払戻率を計算しましたが、シミュレーションで払戻率を推定することもできるはずです。スロットマシンを非常に多くの回数プレイして、それらすべてのプレイの払戻額の平均を計算すれば、本物の払戻率の推定値としてかなり近いものになるでしょう。

この推定方法は大数の法則に基づくもので、多くの統計的シミュレーションとよく似ています。このシミュレーションは、forループを使ったコードでも実行できます。

```
winnings <- vector(length = 1000000)
for (i in 1:1000000) {
  winnings[i] <- play()
}

mean(winnings)
## 0.9366984
```

1千万回実行したあとの払戻率は0.937で、実際の払戻率である0.934にかなり近くなっています。なお、ここではダイヤをワイルドカードとして扱う修正score関数を使っています。

このシミュレーションを実行すると、完了するまでかなり時間がかかることがわかるでしょう。実際、シミュレーションの実行には342.308秒かかっています。これはおよそ5.7分で、満足できるような数字ではありません。ベクトル化されたコードを使えばもっと高速に推定できます。

```
system.time(for (i in 1:1000000) {
  winnings[i] <- play()
})
##     user  system elapsed
## 342.041   0.355 342.308
```

現在のscore関数はベクトル化されていません。スロットマシンに表示された1つのシンボルの組合せをとり、ifツリーを使って賞金を割り当てています。このようにifツリーとforループを組み合わせているということは、**多くの**シンボルの組合せの集合をとり、論理添字を使ってすべてを一度に処理するベクトル化コードが書けるだろうということです。

たとえば、次のコードのように、n 回分のシンボルの組合せを生成し、$n \times 3$ の行列として返すように get_symbols を書き換えてみましょう。行列の各行は、スコアを計算すべき 1 回分のシンボルの組合せを格納しています。

```
get_many_symbols <- function(n) {
  wheel <- c("DD", "7", "BBB", "BB", "B", "C", "0")
  vec <- sample(wheel, size = 3 * n, replace = TRUE,
    prob = c(0.03, 0.03, 0.06, 0.1, 0.25, 0.01, 0.52))
  matrix(vec, ncol = 3)
}

get_many_symbols(5)
##      [,1]  [,2] [,3]
## [1,] "B"   "0"  "B"
## [2,] "0"   "BB" "7"
## [3,] "0"   "0"  "BBB"
## [4,] "0"   "0"  "B"
## [5,] "BBB" "0"  "0"
```

play も、n という引数を取り、データフレームの形で n 個の賞金額をまとめて返すことができます。

```
play_many <- function(n) {
  symb_mat <- get_many_symbols(n = n)
  data.frame(w1 = symb_mat[,1], w2 = symb_mat[,2],
             w3 = symb_mat[,3], prize = score_many(symb_mat))
}
```

この新しい関数は、スロットマシンの百万回、いや 1 千万回のプレイを簡単にシミュレートできます。完成したら、次のコードで払戻率を推定することができます。

```
# plays <- play_many(10000000)
# mean(plays$prize)
```

あとは、$n \times 3$ の行列を受け付けて n 個の賞金額を返すベクトル化（行列化？）バージョンの score である score_many を書くだけです。score がすでにかなり複雑なので、この関数を書くのは骨の折れる作業になるでしょう。この本で学んだ知識をもとにして実践と経験を積み重ねるまでは、読者が独力で自信を持ってこの仕事をこなせなくても仕方がないと思います。

もし、読者が自分のスキルを試して score_many の開発に挑戦するつもりなら、コードの中で rowSums という関数を使うとよいでしょう。この関数は、行列の各行の数値（または論理値）の合計を計算します。

もっと控え目な形で自分の力を試してみたい場合には、次のscore_manyの模範解答を研究して、個々の部分がどのような仕組みになっているのか、部品がどのように組み合わされてベクトル化関数になるのかを完全に理解できるようにすることをお勧めします。そのためには、次のようなテスト用の具体例を作っておくと役に立つでしょう。

```
symbols <- matrix(
  c("DD", "DD", "DD",
    "C", "DD", "0",
    "B", "B", "B",
    "B", "BB", "BBB",
    "C", "C", "0",
    "7", "DD", "DD"), nrow = 6, byrow = TRUE)

symbols
##      [,1] [,2] [,3]
## [1,] "DD" "DD" "DD"
## [2,] "C"  "DD" "0"
## [3,] "B"  "B"  "B"
## [4,] "B"  "BB" "BBB"
## [5,] "C"  "C"  "0"
## [6,] "7"  "DD" "DD"
```

そうすれば、score_manyの各行を実行し、その結果をひとつひとつ検討することができるでしょう。

練習問題

score_manyの模範解答を研究して、個々の部分がどのような仕組みになっているのか、部品がどのように組み合わされてベクトル化関数になるのかが完全に理解できたと思えるようにしてください。

高度な応用問題

模範解答を解析するのではなく、ベクトル化バージョンのscoreを独自に書いてください。データは$n \times 3$の行列に格納されていて、行列の各行には、1回分のスロットのシンボルの組合せが含まれているものとします。

使うのは、ダイヤをワイルドカードとして扱うscoreでも、そうでないscoreでも構いません。しかし、模範解答は、ダイヤをワイルドカードとして扱うscoreを使います。

score_many は、ベクトル化バージョンの score です。これを使えば、この章冒頭のシミュレーションはわずか 20 秒少しで実行できます。これは、for ループを使ったときと比べて 17 倍高速です。

```
# symbols はスロットマシンの個々のウィンドウに対応する列を持った行列でなければならない
score_many <- function(symbols) {

  # ステップ 1: ここでチェリーとダイヤに基づき基礎賞金を割り当てる --------
  ## 3 つのシンボルに含まれるチェリーとダイヤの数を数える
  cherries <- rowSums(symbols == "C")
  diamonds <- rowSums(symbols == "DD")

  ## ダイヤはチェリーとしてカウントする
  prize <- c(0, 2, 5)[cherries + diamonds + 1]

  ## ... しかし、本物のチェリーがなければチェリーの数は 0 とする
  ### (cherries == 0 ならチェリーの賞金は 0 とする
  prize[!cherries] <- 0

  # ステップ 2: 3 つのシンボルが同じときの賞金を設定する
  same <- symbols[, 1] == symbols[, 2] &
    symbols[, 2] == symbols[, 3]
  payoffs <- c("DD" = 100, "7" = 80, "BBB" = 40,
    "BB" = 25, "B" = 10, "C" = 10, "0" = 0)
  prize[same] <- payoffs[symbols[same, 1]]

  # ステップ 3: 3 つが同じではないがすべてバーのときの賞金を設定する ---
  bars <- symbols == "B" | symbols == "BB" | symbols == "BBB"
  all_bars <- bars[, 1] & bars[, 2] & bars[, 3] & !same
  prize[all_bars] <- 5

  # ステップ 4: ワイルドカードとしてのダイヤを処理する ----------------

  ## 2 つのダイヤが含まれている combos
  two_wilds <- diamonds == 2

  ### 2 つのダイヤがあるときのダイヤ以外のシンボル
  one <- two_wilds & symbols[, 1] != symbols[, 2] &
    symbols[, 2] == symbols[, 3]
  two <- two_wilds & symbols[, 1] != symbols[, 2] &
    symbols[, 1] == symbols[, 3]
  three <- two_wilds & symbols[, 1] == symbols[, 2] &
    symbols[, 2] != symbols[, 3]

  ### 3 つの同じシンボルとして扱う
  prize[one] <- payoffs[symbols[one, 1]]
```

```
    prize[two] <- payoffs[symbols[two, 2]]
    prize[three] <- payoffs[symbols[three, 3]]

    ## 1つのダイヤが含まれている combos
    one_wild <- diamonds == 1

    ### 適切であれば3つのバーとして扱う
    wild_bars <- one_wild & (rowSums(bars) == 2)
    prize[wild_bars] <- 5

    ### 適切であれば3つの同じシンボルとして扱う
    one <- one_wild & symbols[, 1] == symbols[, 2]
    two <- one_wild & symbols[, 2] == symbols[, 3]
    three <- one_wild & symbols[, 3] == symbols[, 1]
    prize[one] <- payoffs[symbols[one, 1]]
    prize[two] <- payoffs[symbols[two, 2]]
    prize[three] <- payoffs[symbols[three, 3]]

    # ステップ5: combosに含まれるダイヤ1個ごとに賞金を2倍にする
    unname(prize * 2^diamonds)

  }

  system.time(play_many(10000000))
  ##    user  system elapsed
  ## 20.942   1.433  22.367
```

10.4.1 ループとベクトル化コード

多くの言語では、forループは非常に高速です。そこで、プログラマたちは可能な限りforループを使うようになります。こういったプログラマたちは、Rでプログラミングするようになっても、一般にRのforループの最適化に必要な単純なステップを踏まずにforループを使い続けます。彼らは、自分のコードが思ったほど高速に動作しないことがわかると、Rに幻滅を感じるようになることがあります。自分もそうだと思うようなら、forループをどれくらいの頻度で使っていて、何のためにforループを使っているかをチェックしてみてください。あらゆる処理でforループを使っているようなら、「CなまりのRを話している」可能性が大です。ベクトル化コードの書き方と使い方を覚えて治してください。

だからといって、Rでforループの出番がないわけではありません。forループは非常に役に立つ機能です。forループは、ベクトル化コードができない多くのことを可能にします。また、ベクトル化コードの奴隷のようになるのも考えものです。forループのままにするよりもベクトル化形式にコードを書き換える方が時間がかかることがあります。たとえば、5.7分かけてスロットシミュレーションを実行するのとscoreを書き換えるのとでは、どちらが速いでしょうか。

10.5 まとめ

速いコードなら、遅いコードよりも多くのことができるので、速いコードはデータサイエンスの重要なコンポーネントです。計算上の制約がかかる前にもっと大きなデータセットを操作でき、時間的な制約がかかる前にもっと多くの計算をすることができます。Rでもっとも高速なコードは、Rのもっとも得意な操作である論理テスト、添字操作、要素単位実行を使っているものです。この種のコードを私はベクトル化コードと呼んできました。それは、これらの操作を使うように書かれたコードが入力として値のベクトルをとり、ベクトルの個々の要素を同時に操作するからです。Rで書かれたコードの大多数は、すでにベクトル化されています。

これらの操作を使っているのにコードがベクトル化されているように見えない場合には、プログラムの中の順次的なステップと並列するケースを分析してみましょう。そして、ステップの処理にはベクトル化された関数を使い、ケースの処理には論理添字を使うようにします。ただし、ベクトル化できない仕事もあるので注意してください。

10.6 プロジェクト3のまとめ

読者はこのプロジェクトで初めてRプログラムを書きました。このプログラムは誇りにしてよい出来です。`play`は単純な`hello world`ではなく、複雑な形で現実の仕事をこなす本物のプログラムです。

プログラミングは、自分自身の創造性、問題解決能力、同じタイプのプログラムを書いてきた経験によって左右されるものなので、Rで新しいプログラムを書くのはいつもとても骨が折れます。しかし、この章で紹介したテクニック、すなわち仕事を単純なステップとケースに分割し、具体例を使い、まず文章でソリューションを書き出してみるというテクニックを活用すれば、もっとも複雑なプログラムでも十分手中に収めることができます。

このプロジェクトで、1章から始まった学習は終了です。読者はもうRを使ってデータを処理することができます。この能力は自分のデータ分析能力を補い、支えるものになるでしょう。読者は、ここまでで以下のことができるようになっています。

- データを紙や頭の中ではなく、コンピュータに呼び出し、保存すること。
- 自分の記憶力に頼らずに、個別の値を正確に読み込み、書き換えること。
- 退屈な、あるいは複雑な仕事を自分の代わりにコンピュータに行わせること。

このスキルがあれば、**誤りを犯さずにデータを保存、操作するにはどうすればよいか**というすべてのデータサイエンティストが直面する重要なロジスティクス上の問題を解決できます。しかし、データサイエンティストが直面する問題はそれだけではありません。データに含まれている情報を理解しようとしたときに、次の問題が登場します。加工されていないデータからパターンを理解したり、本質的なことを読み取ったりするのはほとんど不可能です。データセットを使って現実（データセットに含まれていないものも）を推理しようとしたときに第3の問題が現れます。自分のデータは、データセットの外のどういったことを示唆しようとしているのでしょうか。それはどれくらい確実なことなのでしょうか。

私は、**図10-4**に示すように、これらの問題をロジスティクス上、戦術上、戦略上の問題と読んでいます。データから何かを学ぼうとするたびに、これらの問題に直面します。

ロジスティクス上の問題

誤りを起こさずにデータを保存、操作するためにはどうすればよいのか。

戦術上の問題

データに含まれている情報をどのようにして見つければよいのか。

戦略上の問題

データを使って大規模な世界についての結論をどのように導き出すか。

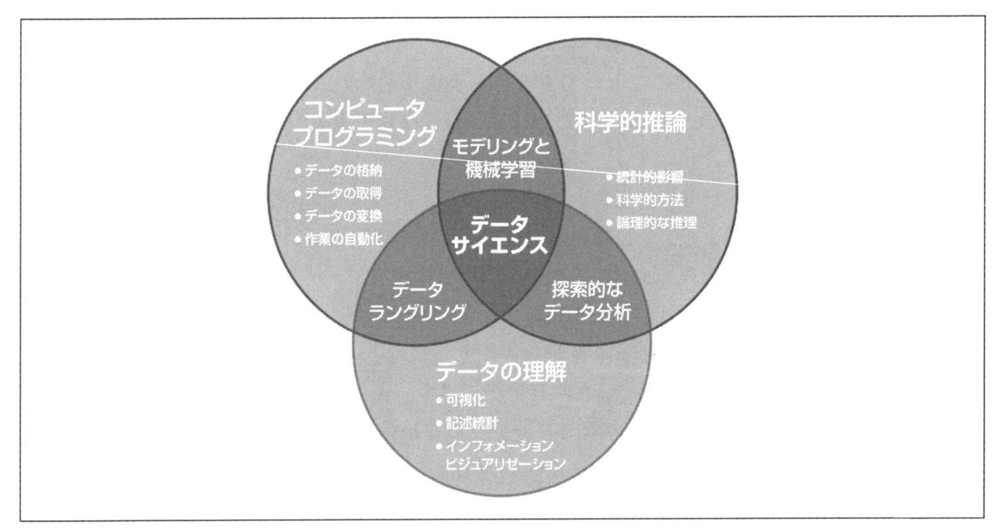

図10-4　データサイエンスの3つのコアスキルセット。コンピュータプログラミング、データの理解、科学的推論

バランスのとれたデータサイエンティストは、さまざまな状況のもとでこれらの問題を解決できなければなりません。Rプログラミングを習得すると、戦術的、戦略的問題を解決するための基礎であるロジスティクスの問題をマスターできます。

データを使った推論の方法、データの変換や可視化の方法、Rツールを使ったデータセットの探索の方法などを学びたいなら、本書の姉妹書である『R for Data Science』を読むことをお勧めします。『R for Data Science』では、Rでデータを変換、可視化、モデリングするための単純なワークフローとともに、結果のレポート作成にR Markdown、Shinyパッケージを使う方法を学べます。何よりも、『R for Data Science』は、データを使って広く世界全体についての結論を導き出す方法というデータサイエンスの真髄を教えてくれます。

付録A
RとRStudioのインストール

Rを始めるには、自分用のRが必要です。この付録では、RとRStudio（Rを使いやすくするアプリケーション）のダウンロードの方法を説明します。Rをダウンロードしてから最初のRセッションを開くまでをたどっていきます。

RとRStudioは、ともにフリーソフトウェアで簡単にダウンロードできます。

A.1 Rをダウンロード、インストールする方法

Rは国際的な開発チームによってメンテナンスされており、彼らはThe Comprehensive R Archive Network（CRAN）のウェブページ（`http://cran.r-project.org/`）を使ってR言語を入手できるようにしています。ウェブページの冒頭には、Rをダウンロードするための3つのリンクがあります。自分の使っているオペレーティングシステムに合わせてWindows、Mac、Linuxのリンクから適切なものを選んでください。

A.1.1 Windows

WindowsにRをインストールするには、「Download R for Windows」リンクをクリックします。次に「base」リンクをクリックします。そして、新しいページの冒頭のリンクをクリックします。このリンクは、「Download R 3.1.2 for Windows」のような表現になっているでしょう。ただし、3.1.2の部分は、そのときのRの最新バージョンの数字に変わっています。このリンクをクリックすると、インストーラプログラムがダウンロードされ、このインストーラを使えば最新バージョンのR for Windowsがインストールされます。インストーラプログラムを実行し、表示されるインストールウィザードの指示に従ってください。インストーラは、Program FilesフォルダにRをインストールし、スタートメニューにショートカットを追加します。なお、自分のマシンに新しいソフトウェアをインストールするためには、適切な管理者特権を持っていなければならないことに注意してください。

A.1.2 Mac

MacにRををインストールするには、「Download R for macOS」をクリックします。次に、

R-3.0.3パッケージまたはそれよりもあとのRの最新リリースパッケージのリンクをクリックします。すると、インストールプロセス（非常に単純なものです）をガイドするインストーラがダウンロードされます。インストーラを使えば、インストールの内容をカスタマイズできますが、ほとんどのユーザーにとってはデフォルトが適しているでしょう。私は、デフォルトを変える理由を感じたことはありません。自分のコンピュータが新しいプログラムをインストールする前にパスワードを入力しなければならない設定であれば、ここで入力します。

バイナリとソース

どのオペレーティングシステムのもとでも、Rは、コンパイル済みのバイナリからインストールするか、ソースからインストールするかを選べます。WindowsとMacの場合、バイナリからRをインストールするのはとても簡単です。バイナリは、専用インストーラにあらかじめロードされています。Windows、Macでも、ソースからRをビルドすることはできますが、バイナリからのインストールと比べると非常に複雑で、ほとんどのユーザーには大した利益はありません。Linuxシステムでは、話が逆になります。一部のシステムにはコンパイル済みのバイナリがありますが、LinuxにRをインストールするときにはソースファイルからRをビルドする方がはるかに一般的です。CRANのウェブサイトのダウンロードページには、Windows、Mac、Linuxプラットフォームでソースから R をビルドする方法についての説明が書かれています。

A.1.3 Linux

多くのLinuxシステムにはRはプレインストールされていますが、それが古いものなら、最新バージョンのRを入手すべきです。CRANのウェブサイトの「Download R for Linux」のリンクには、Debian、Redhat、SUSE、UbuntuシステムでソースからRをビルドするために必要なファイルが含まれています。インストールしたいLinuxバージョンのリンクをクリックして、ディレクトリをたどっていきましょう。正確なインストールの手続きは、Linuxシステムによって異なります。CRANは、システムへのインストール方法を説明するドキュメントまたはREADMEファイルとともにソースファイルセットをまとめてビルドプロセスを案内しています。

32ビットと64ビット

Rには、32ビットバージョンと64ビットバージョンがあります。どちらを使うべきでしょうか。ほとんどの場合、どちらでもかまいません。どちらのバージョンも32ビット整数を使っており、同じ精度で数値を計算しています。違いが出るのは、メモリ管理です。64ビットRは、64ビットメモリポインタを使うのに対し、32ビットRは32ビットメモリポインタを使っています。そのため、64ビットRの方が広い記憶空間（そして検索対象）を持っています。

おおよその目安として、32ビットRは、64ビットRよりも高速ですが、いつもというわけではありません。それに対し、64 ビット R は、メモリ管理上の問題をあまり起こさずに、大きなファイルやデータセットを扱うことができます。どちらのバージョンでも、許容できるベクトルサイズの上限は、20 億要素ほどです。使っているオペレーティングシステムが 64 ビットプログラムをサポートしない場合や、RAM が 4GB 未満しかない場合には、32 ビット R を使った方がよいでしょう。Windows、Mac のインストーラは、システムが 64 ビット R をサポートする場合には自動的に両方のバージョンをインストールします。

A.2 Rの使い方

R は、Microsoft Word や Internet Explorer のように、インストール後すぐに使い始められるようなプログラムではありません。R は、C、C++、Unix のようなコンピュータ言語です。R を使うためには、R 言語でコマンドを書き、コンピュータにそれを解釈するよう要求します。以前は、1980 年代の映画のハッカーたちのように、R コードは Unix ターミナルウィンドウで実行されていました。今はほとんどすべての人々が RStudio というアプリケーションを使って R を操作しています。そして私も読者には RStudio を使うようお勧めします。

R と Unix

次のコマンドを入力すれば、今でも Unix、bash ウィンドウ内で R を実行することができます。

```
R
```

と入力すると、R インタープリタが開かれます。あとは自分の仕事をして、終わったら q() を実行してインタープリタを閉じるだけです。

A.3 RStudio

RStudio は Microsoft Word のようなアプリケーションです。ただし、RStudio は、英語や日本語で文章を書くために役立つのではなく、R でコードを書くために役立つところが異なります。この本では、全編を通じて RStudio を使っていますが、それはそうすると R がはるかに簡単に使えるようになるからです。また、RStudio のインターフェイスは、Windows、Mac、Linux のどのシステムでも同じように表示されます。そのため、本と読者個人が実際に体験することとをうまく結び付けられるはずです。

RStudio は無料でダウンロードできます（http://www.rstudio.com/products/Rstudio/ †）。「Download RStudio」‡ボタンをクリックして、そのあとの簡単な指示に従うだけです。RStudio をインストールしたら、コンピュータ上の他のプログラムとまったく同じように、開くことができます。通常はデスクトップ上のアイコンをクリックして開きます §。

† 監訳者注：RStudio は、2022 年より posit.co（https://posit.co/）で提供されることになりました。

‡ 監訳者注：現在は、RStudio Desktop と RStudio Server と 2 つの製品があります。通常の使用ならば、RStudio Desktop をダウンロードしてください。

§ 監訳者注：OS によっては、管理者権限が必要になることがあります。macOS では、ダウンロードして初回の起動時のみ、Gatekeeper を一次的な解除をするために、CTRL+ クリックでコンテクストメニューを表示し、「開く」を選択して起動させる必要があります。

RのGUI

WindowsとMacのユーザーがターミナルウィンドウでプログラムを書くことはまずないので、WindowsとMacのRパッケージには、Rコードを実行するためのターミナル風のウィンドウを開く簡単なプログラムが付属しています。WindowsやMacでRのアイコンをクリックしたときに開くのがこれです。このプログラムは、ターミナルウィンドウよりも少し多くのことをしてくれますが、大したことをしてくれるわけではありません。このプログラムはR GUIとも呼ばれます。

RStudioを開くと、**図A-1**に示すような3つのパネルを持つウィンドウが表示されます。もっとも大きいペインはコンソールウィンドウで、Rコードを実行して結果を確かめる場所です。コンソールウィンドウは、UnixコンソールやWindow、MacのGUIからRを起動したときに表示されるものです。それ以外の部分は、RStudioに固有のものです。ほかのペインには、テキストエディタ、グラフィックスウィンドウ、デバッガ、ファイルマネージャなどが隠されています。これらのペインが非常に役に立つことは、この本全体を通じて学んでいきます。

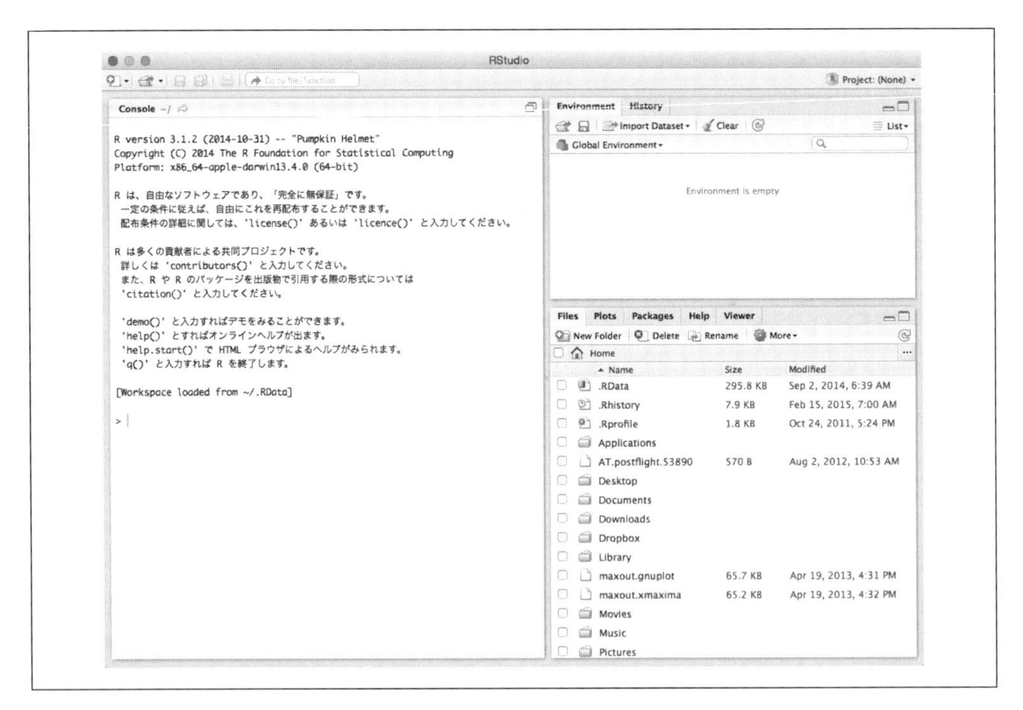

図A-1　RStudio IDE

それでもRをダウンロードする必要はあるのか？

RStudioを使う場合でも、Rのダウンロードは必要です。RStudioは、コンピュータにあるRを使いやすくしてくれますが、Rを同梱しているわけではありません。

A.4　Rの起動方法

R と RStudio がコンピュータにインストールされました。これで、RStudio プログラムを開けば R を使えるようになっています。ほかのプログラムと同様に、アイコンをクリックしたり Windows の「ファイル名を指定して実行」プロンプトで `RStudio` と入力すれば、RStudio を起動することができます。

付録B Rパッケージ

Rでもっとも役に立つ関数の多くは、Rを起動したときに最初からロードされているわけではなく、Rの上にインストールできる**パッケージ**に格納されています。Rパッケージは C、C++、JavaScript のライブラリや、Python のパッケージ、Ruby の gem と同じようなものです。Rパッケージは役に立つ関数、ヘルプファイル、データセットを1つにまとめています。それらの関数は、関数が含まれているパッケージをロードすれば、手元のRコードの中で使うことができます。通常、Rパッケージの内容は、パッケージが解決を図ろうとしている1つのタイプの仕事に関連しています。Rパッケージを使えるようになれば、Rのもっとも大きな力、すなわちパッケージライター（彼らの多くは現役のデータサイエンティストです）の巨大なコミュニティと多くの一般的な（そして特殊な）データサイエンスの課題を処理する作成済みのルーチンを自分のものにすることができます。

Base R
Rユーザー（あるいは私）が「Base R」という用語を使うのを聞くことがあるでしょう。Base Rとは何でしょうか。それは、Rを起動するたびに必ずロードされるR関数の集まりのことです。これらの関数は、R言語の基本的な機能を提供するものであり、パッケージをロードしなくてもロードできるようになっているのです。

B.1 パッケージのインストール

Rパッケージを使うためには、まず、コンピュータにパッケージをインストールしてから、現在のRセッションにそれをロードしなければなりません。Rパッケージをもっとも簡単にインストールできるのは、Rの install.packages 関数です。Rを開いてコマンドラインに次のように入力しましょう。

```
install.packages("package name")
```

こうすると、CRAN サイトにホスティングされているパッケージコレクションから指定されたパッケージを検索できます。パッケージが見つかると、Rは自分のコンピュータのライブラリフォルダにそれをダウンロードします。それ以降のRセッションでは、パッケージをいちいちインストールし直さなくても、この位置にあるパッケージにアクセスできます。Rパッケージは誰でも書いて自由に配布することができます。しかし、ほとんどすべてのRパッケージは、CRANサイトを介して発表されます。CRANは、パッケージを公開する前にパッケージのテストをします。テストをしたからといってパッケージ内のすべてのバグがなくなるわけではありませんが、CRANにあるパッケージは、使用中のOSで動作する現在のバージョンのRのもとで実行できると考えてよいということです。

Rの連結関数、cを使って名前を連結すれば、複数のパッケージをまとめてインストールすることができます。たとえば、次のようにすれば、ggplot2、reshape2、dplyrの3つのパッケージをインストールできます。

```
install.packages(c("ggplot2", "reshape2", "dplyr"))
```

パッケージを初めてインストールするときには、インストール元のオンラインミラーの選択を求められます。ミラーは、地域ごとに分類されたリストになっています。近接する地域のミラーを選択すれば、もっとも短時間でダウンロードできます。新しいパッケージをダウンロードしたいときには、まずオーストリアのミラーを試してみましょう。これがCRANのメインリポジトリです。新しいパッケージは、ほかのすべてのミラーに行き渡るまでに数日かかることがあります。

B.2　パッケージのロード

パッケージをインストールしても、すぐに使えるところに関数が配置されるわけではありません。単にローカルコンピュータにコピーされただけです。Rパッケージを使うためには、次のコマンドを使ってRセッションにパッケージをロードしなければなりません。

```
library(パッケージ名)
```

クォートが消えていることに注意してください。クォートは使ってもかまいませんが、libraryコマンドではオプションです（install.packagesコマンドではオプションではなく必須です）。

libraryを呼び出せば、現在のRセッションを閉じるまで、パッケージに含まれているすべての関数、データセット、ヘルプファイルが使えるようになります。次にRセッションを開始するときに、また同じパッケージを使いたい場合には、libraryでパッケージをロードし直さなければなりませんが、再インストールする必要はありません。パッケージのインストールは一度だけで済みます。それからは、Rライブラリにパッケージのコピーが残ります。次のコマンドを実行して、Rライブラリに現在どのようなパッケージがあるかを確認します。

```
library()
```

library()を実行すると、Rライブラリの実際のパスも表示されます。Rパッケージが格納されているのはそのフォルダです。library() を実行すると、インストールした覚えのないパッケージがいくつもあることに気付くでしょう。これは、初めてRをインストールしたときに、Rが一連の役に立つパッケージを自動的にダウンロードしているからです。

(ほぼ) あらゆる場所にあるパッケージをインストールできるようにする

devtools パッケージを使えば、CRAN ウェブサイト以外の場所からパッケージを簡単にインストールできるようになります。devtools には、install_github、install_gitorious、install_bitbucket、install_url などの関数が含まれています。これらはどれも install.packages と同じように動作しますが、新しい位置でRパッケージを探します。R開発者の多くは自分のパッケージの開発バージョンを GitHub から提供しているので、特に役に立つのは install_github です。パッケージの開発バージョンを手に入れると、新しい関数やパッチを先取りできますが、CRAN バージョンと比べて安定性が低かったりバグが潰しきれていなかったりすることがあります。

Rはなぜ、ユーザーがパッケージをインストール、ロードしなければならないような作りになっているのでしょうか。すべてのパッケージがあらかじめロードされているRを想像することはできますが、それでは非常に大きくて遅いプログラムになってしまうでしょう。2014年5月6日現在で、CRANサイトは、5511種のパッケージをホスティングしています†。使いたいときに使いたいパッケージだけをインストール、ロードする方が単純です。そうすれば、ある時点で検索しなければならない関数とヘルプページが減るため、Rは高速になるでしょう。この方法には別のメリットもあります。たとえば、手元のR全体をアップデートせずにRパッケージのコピーだけをアップデートできることです。

Rパッケージについての知識をもっともうまく手に入れる方法

あることを知らなければ、Rパッケージを使うのは難しいでしょう。CRAN サイトに行って Packages リンクをクリックすると、利用できるパッケージの一覧を見ることができますが、数千ものパッケージを見ていかなければなりません。しかも、同じことをするRパッケージがたくさんあります。

どのパッケージがもっともよいかはどうすればわかるでしょうか。第一歩は R-packages メーリングリストです。このMLは、新しいパッケージの発表を送ってくるほか、古い発表のアーカイブを管理しています。Rについてのポストを集めているブログも役に立ちます。私がお勧めしたいのは、http://www.r-bloggers.com (R-bloggers) です。RStudio は、http://support.rstudio.com ‡の Getting Started のセクションでもっとも役に立つRパッケージのリストを管理しています。最後に、CRAN は、テーマ別にもっとも役に立ちもっとも高く評価されているパッケージの一部をまとめています。自分の仕事の分野に合ったパッケージについて学ぶための場所としてとても役に立つでしょう。

† 監訳者注：2019年12月現在で、15,361種のパッケージが登録されています。

‡ 監訳者注：2022年より https://support.posit.co/hc/

付録C Rとパッケージのアップデート

R Core Development Teamは、バグを修正し、パフォーマンスを高め、新しいテクノロジーに対応するようにアップデートしてR言語を絶えず磨いています。そのため、年に数回、Rの新しいバージョンがリリースされています。Rを最新状態に保つためには、CRANウェブサイトを定期的にチェックするのがもっとも簡単です。新しいリリースが出るたびにCRANはアップデートされ、新しいリリースをダウンロードできるようになります。その場合は新リリースをインストールしなければなりません。手順は最初にRをインストールしたときと同じです。

R Coreの動向に興味が無い場合でも心配する必要はありません。リリース間での変化はわずかであり、違いに気付かないでしょう。しかし、説明できないようなバグを経験したときには、Rの最新バージョンへのアップデートは対策の第一歩になります。

RStudioも絶えず製品に改良を加えています。最新アップデートは、posit.co（https://posit.co/）からダウンロードすれば入手できます。

C.1 Rパッケージ

パッケージの開発者たちは、関数の追加、バグフィックス、パフォーマンス向上などのために新バージョンをリリースすることがあります。update.packagesコマンドを使えば、自分がパッケージの最新バージョンを持っているかどうかを調べ、持っていなければ最新バージョンをインストールできます。update.packagesの構文は、install.packagesに準じたものになっています。コンピュータにggplot2、reshape2、dplyrがすでにある場合、使う前にアップデートの有無をチェックするとよいでしょう。

```
update.packages(c("ggplot2", "reshape2", "dplyr"))
```

新しいRセッションは、パッケージをアップデートしてから開始します。アップデート時にパッケージがロードされている場合、アップデートバージョンのパッケージを使うためにRセッションを一旦閉じて開き直さなければなりません。

付録D Rにおけるデータのロードと保存

この付録では、プレーンテキストファイル、Rファイル、ExcelスプレッドシートからRにデータをロードしたり、これらにデータを保存したりするための方法を説明します。データベースやSAS、MATLABなどのよく使われるアプリケーションからデータをロードするためのRパッケージも紹介します。

D.1 Base Rのデータセット

Rには、Base Rに付属するdatasetsパッケージのプレロード済みのデータセットが多数含まれています。これらのデータセットは、特に面白いものではありませんが、コードのテストに使ったり、Rの外からデータセットをロードせずに検証したりするために役に立ちます。次のコマンドを実行すれば、Rのプレロード済みデータセットのリストと簡単な説明が表示されます。

```
help(package = "datasets")
```

データセットは、名前を入力すればすぐに使えます。個々のデータセットはすでにRオブジェクトとして保存されています。たとえば、次の通りです。

```
iris
##   Sepal.Length Sepal.Width Petal.Length Petal.Width  Species
## 1          5.1         3.5          1.4         0.2   setosa
## 2          4.9         3.0          1.4         0.2   setosa
## 3          4.7         3.2          1.3         0.2   setosa
## 4          4.6         3.1          1.5         0.2   setosa
## 5          5.0         3.6          1.4         0.2   setosa
## 6          5.4         3.9          1.7         0.4   setosa
```

しかし、Rのデータセットは独自データの代わりになるようなものではありません。手元にあるデータはさまざまなファイル形式からRにロードできます。しかし、Rにデータファイルをロードするためには、まず、**作業ディレクトリ**がどこなのかを把握しておく必要があります。

D.2 作業ディレクトリ

Rセッションを開くたびに、Rは自分自身をコンピュータの特定のディレクトリにリンクしています。これを作業ディレクトリと言います。作業ディレクトリは、ユーザーがファイルをロードするときにRがファイルを探す場所であり、ファイルを保存しようとしたときにRがファイルを格納する場所です。作業ディレクトリの位置は、コンピュータによって異なります。次のコマンドを使えば、Rが作業ディレクトリとしてどのディレクトリを使っているかを調べられます。

```
getwd()
## "/Users/garrettgrolemund"
```

作業ディレクトリになっているフォルダに直接ファイルを格納することもできますし、データファイルが格納されているディレクトリに作業ディレクトリを移すこともできます。setwd関数を使えば、コンピュータ内の任意のフォルダに作業ディレクトリを移動できます。setwdに新しい作業ディレクトリのパスを渡してください。私は、そのときに仕事をしているプロジェクト用の専用フォルダに作業ディレクトリを設定するようにしています。そうすれば、データ、スクリプト、グラフ、レポートなどをすべて同じ場所で管理できます。たとえば、次のような形です。

```
setwd("~/Users/garrettgrolemund/Documents/Book_Project")
```

ファイルパスの先頭がルートディレクトリになっていない場合、現在の作業ディレクトリを先頭とする相対パスと判断します。

RStudioのメニューバーで「Session」→「Set Working Directory」→「Change Directory」を選択しても、作業ディレクトリを変更できます。WindowsとMacのGUIは同じようなオプションを持っています。UnixコマンドラインからRを起動した場合（Linuxマシンの場合など）、作業ディレクトリは、Rを起動したディレクトリになります。

list.files()を使えば、作業ディレクトリにどのようなファイルがあるかを確認できます。作業ディレクトリで開きたいファイルが見つかれば、すぐに先に進めます。作業ディレクトリのファイルをどのようにして開くかは、開きたいファイルのタイプによって異なります。

D.3 プレーンテキストファイル

プレーンテキストファイルは、データの保存でもっともよく使われている方法の1つです。プレーンテキストファイルは非常に単純で、もっとも初歩的なテキストエディタを含め、さまざまなアプリケーションで読むことができます。このような理由から、公開データの多くは、プレーンテキストファイルとして提供されます。たとえば、米国勢調査局、米社会保障庁、米労働統計局は、すべてプレーンテキストファイルの形式でデータを公表しています。

次に示すのは、3章で作ったロイヤルストレートフラッシュのデータセットをプレーンテキストファイルにするとどうなるかを示したものです（value列を追加してあります）。

```
"card", "suit", "value"
"ace", "spades", 14
"king", "spades", 13
"queen", "spades", 12
"jack", "spades", 11
"ten", "spades", 10
```

プレーンテキストファイルは、テキストだけの文書にデータの表を格納します。表における各行（row）は、テキストファイルの1行（line）で表され、単純な約束で行内のセルが区切られています。多くの場合、セルのセパレータとしてはカンマが使われますが、タブ、パイプ（|）など任意の文字を使うことができます。しかし、どのファイルも、セルの区切りは1種類だけに統一されており、それによって混乱を避けています。セルの中では、データは単語と数値として表示されます。

すべてのプレーンテキストファイルは、拡張子 .txt（text に由来するものです）で保存できますが、データセルエントリをどのように区切っているかを示す専用の拡張子が与えられている場合もあります。先ほどのデータセットのエントリはカンマで区切られているので、このファイルは CSV（comma-separated-values）ファイルであり、通常は拡張子 .csv を付けて保存されます。

D.3.1 read.table

プレーンテキストファイルは、read.table を使って読み込みます。read.table の第1引数は、ファイル名（作業ディレクトリにある場合）またはファイルパス（作業ディレクトリにない場合）です。ファイルパスの先頭がルートディレクトリでない場合には、作業ディレクトリのファイルパスの末尾にそのパスを追加します。read.table には、ほかの引数も指定できます。sep と header は、その中でも特に重要です。

ロイヤルストレートフラッシュデータを作業ディレクトリの poker.csv ファイルに保存すると、次のコマンドでロードすることができます。

```
poker <- read.table("poker.csv", sep = ",", header = TRUE)
```

sep

sep は、自分のファイルがデータエントリを区切るためにどの文字を使っているかを read.table に伝えます。実際にどの文字が使われているかは、テキストエディタでファイルを開いて見てみなければわからない場合があります。sep 引数を使わなければ、read.table はタブやスペースなどの空白文字が現れたところでセルを区切ろうとします。R は、read.table が正しくエントリを区切れているかどうかを伝えることができないので、read.table は自己責任で使うしかありません。

header

header は、ファイルの先頭行に値ではなく変数名が格納されているかどうかを read.table に知らせます。ファイルの先頭行が変数名になっている場合には、header = TRUE を指定します。

na.strings

データセットは、情報が不明だということを表すために特殊記号を使うことがよくあります。自分のデータが欠損情報を表すために特定の記号を使うことがわかっていたら、na.strings引数を使ってそれがどの記号なのかをread.table（及び、ほかの関数）に知らせることができます。read.tableは、すべての欠損情報記号をRの欠損情報記号であるNAに変換します（「**5.3 欠損情報**」参照）。

たとえば、ポーカーデータセットには、次のように**.**として格納された欠損情報が含まれているものとします。

```
## "card","suit","value"
## "ace"," spades"," 14"
## "king"," spades"," 13"
## "queen",".","."
## "jack",".","."
## "ten",".","."
```

次のコマンドを使えば、データセットをRに読み込む過程で、欠損情報をNAに変換できます。

```
poker <- read.table("poker.csv", sep = ",", header = TRUE, na.string = ".")
```

Rは、次のような形のpokerを保存します。

```
## card suit value
## ace spades 14
## king spades 13
## queen <NA> NA
## jack <NA> NA
## ten <NA> NA
```

skipとnrow

プレーンテキストファイルには、データセットの一部ではない説明のテキストが含まれていることがあります。あるいは、データセットの一部だけを読み込みたいと思うこともあります。skip、nrow引数を使えばこれらのことができます。skipを使うとファイルからデータを読み込む前に特定の行数だけ読み飛ばすことができます。nrowでは特定の行数を読み込んだところで値の読み込みを中止できます。

たとえば、ロイヤルストレートフラッシュファイルの完全版は次のような形になっていたとします。

```
This data was collected by the National Poker Institute.
We accidentally repeated the last row of data.

"card", "suit", "value"
```

```
"ace", "spades", 14
"king", "spades", 13
"queen", "spades", 12
"jack", "spades", 11
"ten", "spades", 10
"ten", "spades", 10
```

次のようにすれば、6行（5行とヘッダ）を読むことができます。

```
read.table("poker.csv", sep = ",", header = TRUE, skip = 3, nrow = 5)
##    card   suit value
## 1   ace spades    14
## 2  king spades    13
## 3 queen spades    12
## 4  jack spades    11
## 5   ten spades    10
```

ヘッダ行は nrow が示す行数に含まれないことに注意してください。

stringsAsFactors

Rは、数値については予想通りの形で読み込みますが、文字列（文字、単語）については奇妙な動作を始めます。Rは、すべての文字列をファクタに変換したがるのです。これはRのデフォルトの動作ですが、私は間違っていると思います。ファクタが役に立つこともときどきありますが、そうでないときには作業に適していないまずいデータ型です。また、特にデータを表示したいときには、ファクタは奇妙な動作を起こします。この動作は、Rがデータをファクタに変換したことがわかっていなければ意外に感じるものです。一般に、要求するまでRがファクタへの変換をしないようにした方が、スムーズにRを使えます。幸い、これは簡単に実現できます。

stringsAsFactors 引数に FALSE をセットすれば、Rはデータセットに格納される文字列をファクタではなく文字列として保存します。stringsAsFactors を使うには、次のように書きます。

```
read.table("poker.csv", sep = ",", header = TRUE, stringsAsFactors = FALSE)
```

複数のデータファイルをロードする場合には、次のコマンドを実行すれば、グローバルレベルでデフォルトのファクタ化の動作を変更できます。

```
options(stringsAsFactors = FALSE)
```

こうすれば、Rセッションを終了するか、次のコマンドでグローバルデフォルトを再び変更するまで、すべての文字列がファクタではなく、文字列として読み込まれます。

```
options(stringsAsFactors = TRUE)
```

D.3.2 readファミリー

Rには、表D-1に示すように、read.tableのパッケージ済みショートカットがいくつか含まれています。

表D-1 Rのread.*関数。必要に応じてデフォルト引数を書き換えることができる。

関数	デフォルト	用途
read.table	sep = " ", header = FALSE	汎用の読み込み関数
read.csv	sep = ",", header = TRUE	CSVファイル
read.delim	sep = "\t", header = TRUE	タブ区切りファイル
read.csv2	sep = ";", header = TRUE, dec = ","	欧州10進表記のCSVファイル
read.delim2	sep = "\t", header = TRUE, dec = ","	欧州10進表記のタブ区切りファイル

第1のショートカット、read.csvは、read.tableと同じように動作しますが、自動的にsep = ","とheader = TRUEをセットしてくれるので入力を減らすことができます。

```
poker <- read.csv("poker.csv")
```

read.delimは、自動的にsepにタブ文字をセットするため、タブ区切りファイルを読み込むときに非常に便利です。タブ区切りファイルというのは、個々のセルがタブで区切られているファイルです。read.delimは、デフォルトでheader = TRUEもセットします。

read.delim2とread.csv2は、ヨーロッパのRユーザー用コマンドです。これらの関数は、小数点としてピリオドではなくカンマを使っていることをRに知らせます（CSVファイルの操作はどうなるだろうかと思われるかもしれませんが、通常、CSV2は、セルをカンマではなくセミコロンで区切ります。

「Import Dataset」ボタン

「3.9 データのロード」で説明したように、プレーンテキストファイルはRStudioの「Import Dataset」ボタンでもロードできます。「Import Dataset」はGUI版のread.tableです†。

D.3.3 read.fwf

プレーンテキストファイルの中には、レイアウトを使ってセルを区切るという方法で今まで説明してきたパターンに異を唱えるタイプのものがあります。各行（row）にそれぞれの行（line）を指定するという点ではほかのプレーンテキストファイルと同じですが、個々の列は、文書の左端から決められた位置を先頭として並べられます。そのために、個々のエントリの後ろには、次のエントリの位置を合わせるために必要なだけのスペースが詰め込まれます。この種の文書を「fixed-

† 監訳者注：RStudio 1.0.153では、read_csvで読み込んでいます。

width file」（固定幅ファイル）と呼び、通常は拡張子として「.fwf」を付けます。

次に示すのは、ロイヤルストレートフラッシュデータセットを .fwf ファイルにしてみたものです。各行のスートエントリは、行頭からちょうど 10 字目になるように並べられています。各行の最初のセルが何文字でもかまいません。

```
card      suit   value
ace       spades 14
king      spades 13
queen     spades 12
jack      spades 11
10        spades 10
```

.fwf ファイルは、人間の目にはわかりやすく感じられますが（と言ってもタブ区切りファイルと変わりませんが）、操作が難しくなる可能性があります。R に .fwf ファイルを読み込むための関数はあっても、.fwf ファイルを保存する関数はないのはそのためでしょう。残念ながら、アメリカの政府部局は .fwf ファイルを気に入っているようで、経験する中で何度か .fwf ファイルにぶつかることがあるはずです。

`read.fwf` 関数を使えば、R に .fwf ファイルを読み込むことができます。この関数は `read.table` と同じ引数を取りますが、そのほかに数値ベクトルの `widths` 引数をかならず指定しなければなりません。`widths` ベクトルの i 番目のエントリは、データセットの i 番目の列の幅（単位字数）を指定しなければなりません。先ほどの固定幅ロイヤルストレートフラッシュデータを poker.fw として作業ディレクトリに保存した場合、そのファイルは次のコマンドで読み込むことができます。

```
poker <- read.fwf("poker.fwf", widths = c(10, 7, 6), header = TRUE)
```

D.3.4　HTMLリンク

データファイルの多くは、インターネット専用のウェブアドレスのもとで公開されています。インターネットに接続していれば、`read.table`、`read.csv` 等を使ってファイルを直接開くことができます。R のデータ読み込み関数には、ファイル名引数としてウェブアドレスを渡せます。そのため、次のようにすれば、`http://.../poker.csv` からポーカーデータセットを読み込めます。

```
poker <- read.csv("http://.../poker.csv")
```

ファイルにリンクしているウェブページではなく、ファイルに直接接続できるウェブアドレスリンクを使うことに注意してください。通常、データファイルのウェブアドレスに行こうとすると、そのファイルのダウンロードが始まるか、ブラウザウィンドウに生のデータが表示されます。

先頭が「https://」のウェブサイトはセキュアなウェブサイトであり、R からはその種のアドレスのデータにアクセスできない場合があります。

D.3.5 プレーンテキストファイルの保存

Rにデータが含まれている場合、そのファイルはRがサポートするファイル形式のどれかを使って保存することができます。プレーンテキストファイルとして保存したい場合には、`write`ファミリーの関数を使います。**表D-2**は、3種類の基本`write`関数をまとめたものです。データを.csvファイルとして保存したいときには`write.csv`、タブ区切り、あるいはもっと珍しいセパレータを使う文書として保存したいときには`write.table`を使います。

表D-2　Rはwriteファミリーの関数を使ってデータをプレーンテキストファイルに保存する。

ファイル形式	関数と構文
csv	`write.csv(r_object, file = filepath, row.names = FALSE)`
csv（欧州10進表記）	`write.csv2(r_object, file = filepath, row.names = FALSE)`
タブ区切り	`write.table(r_object, file = filepath, sep = "\t", row.names=FALSE)`

各関数の第1引数は、データセットを格納しているRオブジェクトです。`file`引数は、保存されたデータに与えたいファイル名（拡張子を含む）を指定します。デフォルトでは、各関数は、作業ディレクトリにデータを保存します。しかし、`file`引数にはファイルパスを指定することができます。すると、Rはファイルパスの末尾のファイルにデータを保存します。ファイルパスの先頭がルートディレクトリでなければ、Rは作業ディレクトリのファイルパスの後ろに指定されたファイルパスを続けます。

たとえば、次のコマンドを使えば、作業ディレクトリ内のdataというサブディレクトリに（仮説的な）ポーカーデータフレームを保存できます。

```
write.csv(poker, "data/poker.csv", row.names = FALSE)
```

`write.csv`と`write.table`は、自分のコンピュータに新しいディレクトリを作れないことに注意しましょう。ファイルパスに含まれる各フォルダは、ファイルを保存しようとする前から存在していなければなりません。

`row.names`引数は、プレーンテキストファイルの列としてデータフレームの行名を保存しないようにすることができます。すでにお気付きのように、Rはデータフレームの各行に自動的に番号で名前を付けます。たとえば、5章で作成したポーカーデータフレームの各行は、番号に続いて表示されます。

```
poker
##    card   suit value
## 1   ace spades    14
## 2  king spades    13
## 3 queen spades    12
## 4  jack spades    11
## 5    10 spades    10
```

この行番号は便利ですが、保存してしまうとあっという間に増えていきます。ファイルを読み戻すたびに、Rはデフォルトで行番号を追加していきます。writeファミリーの関数を使うときには、row.names = FALSEを設定して行番号を保存しないようにしましょう。

D.3.6 ファイルの圧縮

プレーンテキストファイルを圧縮するには、ファイル名、ファイルパスをbzfile、gzfile、xzfile関数で囲みます。たとえば、次の通りです。

```
write.csv(poker, file = bzfile("data/poker.csv.bz2"), row.names = FALSE)
```

これらの関数は、それぞれ**表D-3**に示す別々の圧縮形式で出力を圧縮します。

表D-3 Rには、ファイルを圧縮するための3種類のヘルパー関数がある。

関数	圧縮タイプ
bzfile	bzip2
gzfile	gnu zip（gzip）
xzfile	xz圧縮

圧縮方式に合わせてファイルの拡張子を調整するようにしましょう。Rのread関数は、これらの形式で圧縮されたプレーンテキストファイルを開くことができます。たとえば、poker.csv.bz2という名前の圧縮済みファイルは、次のようにして開くことができます。ファイルをどこに保存したかによって、次のようにしたり、

```
read.csv("poker.csv.bz2")
```

次のようにします。

```
read.csv("data/poker.csv.bz2")
```

D.4 Rファイル

Rには、データを格納するための独自形式として「.RDS」と「.RData」の2種類のファイル形式があります。RDSファイルは1個のRオブジェクトを格納するのに対し、RDataファイルは複数のRオブジェクトを格納できます。

RDSファイルは、readRDSで開けます。たとえば、ロイヤルストレートフラッシュデータが「poker.RDS」という名前で保存されている場合、次のコマンドを実行すれば、ファイルを開くことができます。

```
poker <- readRDS("poker.RDS")
```

RData ファイルを開くのはもっと簡単です。単純にファイルを引数として load 関数を実行するだけです。

```
load("file.RData")
```

オブジェクトに出力を割り当てる必要はありません。RData ファイル内の R オブジェクトは、元の名前で R セッションにロードされます。RData ファイルは複数の R オブジェクトを格納できるので、ファイルを 1 つロードすれば、複数のオブジェクトを読み込めます。load は、何個のオブジェクトを読み込んでいるのかも、オブジェクトにどのような名前が付けられているのかもフィードバックしてこないので、ロードする前に RData ファイルについて調べておくとよいでしょう。

最悪の場合でも、RData ファイルをロードしながら、R セッション開始後に作成、ロードしたすべてのオブジェクトが表示される RStudio の「Environment」ペインをしっかり見るという方法があります。(load("poker.RData")) のように、load コマンドをかっこで囲むというテクニックも役に立ちます。こうすると、R はファイルからオブジェクトをロードするときにその名前を出力します。

readRDS と load は、R のほかの読み書き関数と同様に、第 1 引数としてファイルパスを取ります。ファイルが作業ディレクトリにある場合には、ファイルパスはファイル名になります。

D.4.1 Rファイルの保存

データフレームなどの R オブジェクトは、RData ファイルにも RDS ファイルにも保存できます。RData ファイルは一度に複数の R オブジェクトを格納できますが、再現性の高いコードを作りやすくする RDS ファイルの方が適切な選択になります。

データを RData オブジェクトとして保存するときには save 関数を、RDS オブジェクトとして保存するときには saveRDS 関数を使います。どちらの場合も、第 1 引数は保存したい R オブジェクトの名前でなければなりません。そして、データの保存先として使いたいファイル名、ファイルパスをファイル引数として指定します。

たとえば、a、b、c の 3 個の R オブジェクトを持っている場合、それらすべてを同じ RData ファイルに保存し、別の R セッションに再ロードすることができます。

```
a <- 1
b <- 2
c <- 3
save(a, b, c, file = "stuff.RData")
load("stuff.RData")
```

しかし、オブジェクトの名前を忘れたり、そのファイルを誰かほかの人に渡したりする場合には、RData ファイルは中身が何かを調べにくいという欠点があります。実際、ロードしたあとでもわかりにくいのです。それと比べると、RDS ファイルのユーザーインターフェイスははるかにはっきりしています。ファイルごとに 1 つのオブジェクトしか保存できませんが、オブジェクトをロードする人が誰であれ、新しいデータに付けたい名前を付けられます。さらに、ロードしているオブジェクトとたまたま同じ名前の付いていたRオブジェクトを上書きする心配もありません。

```
saveRDS(a, file = "stuff.RDS")
a <- readRDS("stuff.RDS")
```

データをRファイルに保存すると、プレーンテキストファイルに保存するときと比べてメリットがいくつかあります。Rは自動的にファイルを圧縮し、R関連のメタデータもオブジェクトとともに保存されます。データがファクタ、日付／時刻情報、クラス属性などを持つ場合には、これが便利です。すべてのオブジェクトをテキストファイルに変換したときのようにメタデータをRに読み直す必要はありません。

それに対し、Rファイルはほかのアプリケーションの多くでは読めないので、共有ということでは非効率的です。また、ファイルを開き直そうとしたときにRのコピーがない場合のことを考えると、長期的な保存でも問題を起こす場合があります。

D.5　Excelスプレッドシート

Microsoft Excelは人気の高いスプレッドシートで、ビジネスの世界ではほとんど標準のようになっています。これから少なくとも一度は、RでExcelスプレッドシートを操作しなければならなくなるはずです。スプレッドシートはRに読み込むことができ、Rデータもさまざまな形でスプレッドシートに保存することができます。

D.5.1　Excelからのエクスポート

ExcelからRにデータを移すためにもっともよい方法は、Excelから「.csv」または「.txt」ファイルという形でスプレッドシートをエクスポートするというものです。Rだけではなく、ほかの多くのデータ分析ソフトウェアも、テキストファイルを読み込むことができます。テキストファイルは、データストレージの世界における共通語です。

データをエクスポートすると、ほかの難しい問題も解消します。Excelは独自な形式とメタデータを使っており、Rで簡単にそれらを再現することはできません。たとえば、1つのExcelファイルは、それぞれ独自の列、マクロを持つ複数のスプレッドシートを格納することができます。Excelが.csvや.txtとしてファイルをエクスポートすると、もっとも適切な形で独自形式がプレーンテキストファイルに変換されます。Rでは、Excelと同じように効率的に変換を管理することはできないでしょう。

Excelからデータをエクスポートするには、Excelスプレッドシートを開いてから、Microsoft Officeボタンメニューから「名前を付けて保存」を選びます。ダイアログボックスの「ファイルの種類」ボックスでCSVを選択し、ファイルを保存します。すると、`read.csv`関数でRにファイルを読み込めるようになります。

D.5.2 コピー&ペースト

Excelスプレッドシートの一部をコピーしてRにペーストすることもできます。まず、スプレッドシートを開き、Rに読み込みたいセルを選択して、メニューバーの「編集」→「コピー」を選択するか、キーボードショートカットを使ってセルをクリップボードにコピーします。

ほとんどのOSでは、次のコマンドを実行すると、クリップボードに格納されているデータをRに読み込むことができます。

```
read.table("clipboard")
```

ただし、Macでは、次のコマンドを使わなければなりません。

```
read.table(pipe("pbpaste"))
```

セルにスペースが入った値が含まれていると、read.tableは正しく動作しなくなります。Rにデータを読み込む前にほかのread関数を使うか、通常通りExcelからデータをエクスポートしてください。

D.5.3 XLConnect

Excelファイルを Rに直接読み込めるようにするために多くのパッケージが書かれてきました。しかし、すべてのOSで動作するとは限らないパッケージが少なからずあります。.xlsxファイル形式の登場により陳腐化してしまったものもあります。そのような中で、XLConnectパッケージは、すべてのファイルシステムで動作し、高く評価されているものの1つです†。このパッケージを使うためには、パッケージのインストール、ロードが必要です。

```
install.packages("XLConnect")
library(XLConnect)
```

XLConnectは、プラットフォーム独立を実現するためにJavaを使っています。そのため、JREがインストールされていないシステムで初めてXLConnectを開くときには、RStudioがJREのダウンロードを要求します。

D.5.4 スプレッドシートの読み込み

XLConnectを使えば、1ステップ、または2ステップのどちらかのプロセスを使ってExcelスプレッドシートを読むことができます。まず、2ステッププロセスの方から説明しましょう。まず、loadWorkbookでExcelワークブックをロードします。loadWorkbookは、.xls、.xlsxの両方のファイルをロードできます。引数は、Excelワークブックのファイルパスだけです（作業ディレクトリにファイルが保存されている場合には、ファイル名だけを指定できます）。

† 監訳者注：RStudio 1.0.153では、「Import Dataset」から「From Excel...」を選択することによって、readxlパッケージのread_excel関数を使って、簡単にExcelのファイルであるxls形式やxlsx形式のファイルを読み込むことができます。

```
wb <- loadWorkbook("file.xlsx")
```

次に、readWorksheet でワークブックからスプレッドシートを読み込みます。readWorksheet は複数の引数を取ります。第1引数は、loadWorkbook で作ったワークブックオブジェクトでなければなりません。次の sheet 引数は、R に読み込みたいワークブック内のスプレッドシートの名前を指定します。これは、スプレッドシートの下のタブに表示される名前になります。数値で読み込みたいシートを指定することもできます（第1のシートが1、第2のシートが2です）。

readWorksheet は、さらに読み込むセルの境界ボックスを指定する startRow、startCol、endRow、endCol の4個の引数を取ります。startRow と startCol を使って読み込みたい部分の左上隅のセルを指定し、endRow と endCol を使って右下隅のセルを指定します。これらの引数としては数値を指定します。境界ボックス引数を指定しなければ、readWorksheet は、データを格納していると思われるスプレッドシート内のセルの矩形領域を読み込みます。readWorksheet は、この領域にヘッダ行が含まれているという前提で動作しますが、header = FALSE を指定すれば動作を変えられます。

そこで、次のコマンドを使って wb の最初のワークシートを読み込みます。

```
sheet1 <- readWorksheet(wb, sheet = 1, startRow = 0, startCol = 0,
  endRow = 100, endCol = 3)
```

R は、出力をデータフレームとして保存します。readWorksheet の引数は、第1引数を除いてベクトル化されているので、一度に同じワークブックから複数のシート（または、1つのワークシートから複数のセル領域）を読み込むことができます。その場合、readWorksheet はデータフレームのリストを返します。

readWorksheetFromFile を使えば、この2ステップを結合できます。この関数は、loadWorkbook のファイル引数と readWorksheet の引数を組み合わせた形の引数を取ります。この関数を使えば、Excel ファイルから1つ以上のシートを直接読み込むことができます。

```
sheet1 <- readWorksheetFromFile("file.xlsx", sheet = 1, startRow = 0,
  startCol = 0, endRow = 100, endCol = 3)
```

D.5.5 スプレッドシートへの書き込み

Excel スプレッドシートの書き込みは4ステップの処理です。まず、loadWorkbook でワークブックオブジェクトをセットアップする必要があります。これは先ほどと同じですが、既存の Excel ファイルを使わない場合は、create = TRUE 引数を追加しなければなりません。その場合、XLConnect は空のワークブックを作ります。ファイルを保存するとき、XLConnect は、loadWorkbook で指定したファイル位置を使います。

```
wb <- loadWorkbook("file.xlsx", create = TRUE)
```

次に、createSheetでワークブックオブジェクトの中にワークシートを作る必要があります。createSheetには、どのワークブックにシートを追加するか、シートにどのような名前を付けるかを指定します。

```
createSheet(wb, "Sheet 1")
```

そして、writeWorkshectを使ってデータフレームや行列をシートに保存します。writeWorksheetの第1引数のobjectは、データを書き込むワークブックです。第2引数のdataには書き込むデータを指定し、第3引数のsheetには書き込みをするシートの名前を指定します。次の2つの引数、startRowとstartColは、スプレッドシートのどこに新データの左上隅のセルを配置するかを指定します。2つの引数のデフォルトはともに1です。最後に、headerを使って、データとともに列名も書くかどうかを指示できます。

```
writeWorksheet(wb, data = poker, sheet = "Sheet 1")
```

ワークブックへのシートとデータの追加が完了したら、saveWorkbookを呼び出してそれを保存します。Rは、loadWorkbookで指定されたファイル名またはパスにワークブックを保存します。指定されたファイルが既存のExcelファイルなら上書きされ、新しいファイルならファイルが作成されます。

次のようにwriteWorksheetToFileを使って以上のステップを1つにまとめることもできます。

```
writeWorksheetToFile("file.xlsx", data = poker, sheet = "Sheet 1",
  startRow = 1, startCol = 1)
```

XLConnectパッケージを使えば、スプレッドシート内の指定した領域に書き込みをしたり、数式を操作したり、セルにスタイルを与えたりといった高度なExcelスプレッドシートの操作もできます。これらの機能については、XLConnectをロードして次のコマンドを実行すればアクセスできるビニェットで読むことができます。

```
vignette("XLConnect")
```

D.6 ほかのアプリケーションのファイルのロード

ほかのアプリケーションのネイティブ形式で書かれたファイルを操作したいときには、Excelファイルと同じアドバイスが当てはまります。元のアプリケーションでファイルを開き、データをプレーンテキストファイル（通常はCSV）にエクスポートするのが一番です。こうすれば、ファイルに書かれているデータをもっとも忠実に転記することができます。また、データの記述方法をカスタマイズするための選択肢ももっとも多くなるのが普通です。

しかし、ファイルはあってもそのファイルを作ったアプリケーションはないという場合があります。その場合、ネイティブアプリケーションでファイルを開き、テキストファイルとしてエクスポートすることはできません。そのようなときには、**表D-4**にまとめた関数のどれかを使ってファイルを開くことができます。これらの関数は、主としてRのforeignパッケージに含まれています。これらの関数は、それぞれできる限りおかしなことにならないようにしながら、さまざまなファイル形式のデータを読み込みます。

表D-4 ほかのデータ分析アプリケーションのファイル形式を読み込むための関数†

ファイル形式	関数	パッケージ
ERSI ArcGIS	`read.shapefile`	shapefiles
Matlab	`readMat`	R.matlab
minitab	`read.mtp`	foreign
SAS（permanent data set）	`read.ssd`	foreign
SAS（XPORTフォーマット）	`read.xport`	foreign
SPSS	`read.spss`	foreign
Stata	`read.dta`	foreign
Systat	`read.systat`	foreign

D.6.1 データベースへの接続

Rは、データベースに接続してデータを読み込むこともできます。具体的な方法は、使うDBMSによって異なります。データベースを操作するためには、一般のRユーザーのスキルセットを越える経験を必要とします。しかし、興味がある場合には、これから紹介するRパッケージをダウンロードし、ドキュメントを読むことから始めるとよいでしょう。

ODBCを介してデータベースに接続するには、RODBCパッケージを使います。

個別のドライバを介してデータベースに接続するには、DBIパッケージを使います。DBIパッケージは、共通構文を使って異なるデータベースを操作できるようになっています。DBIとともに、データベース固有パッケージをダウンロードしなければなりません。これらのパッケージは、異なるデータベースシステムのネイティブドライバ用のAPIを提供します。MySQLにはRMySQL、SQLiteにはRSQLite、OracleにはROracle、PostgreSQLにはRPostGreSQL、JDBC（Java Database Connectivity）APIを基礎とするドライバを使っているデータベースにはRJDBCを使います。適切なドライバパッケージをロードしたら、DBIが提供しているコマンドを使ってデータベースにアクセスすることができます。

† 監訳者注：RStudio 1.0.153では、「Import Dataset」からSPSS、SAS、Stataのファイルを読み込むことができます。havenパッケージを使用しています。

付録E
Rコードのデバッグ

本付録は、6章のテーマである環境を参照し、第7、8章のサンプルを使っています。この付録から最大限の情報を引き出すために、まずこれらの章を読むようにしてください。

Rには単純なデバッグツールのセットが含まれており、RStudioはそれを補強しています。これらのツールを使えば、エラーを起こすコードや予想外の結果を返すコードに対する理解を深めることができます。通常、それは自分自身のコードになるはずですが、Rやパッケージに含まれる関数を解析することもできます。

コードのデバッグには、コード作成と同じくらいの創造性と洞察が必要になることがあります。バグが見つかるという保証はなく、見つけたとしても修正できるという保証はありません。しかし、Rのデバッグツールを使えば、目標に近づくことができます。デバッグツールには、traceback、browser、debug、debugonce、trace、recover関数があります。

これらのツールは、通常2ステップで使います。まず、エラーが起きた**場所**を特定してから、エラーが起きた**理由**を明らかにします。第1ステップは、Rのtraceback関数でクリアすることができます。

E.1 traceback

tracebackツールは、エラーが起きた場所をピンポイントで特定します。多くのR関数はほかのR関数を呼び出し、呼び出された関数はさらに別の関数を呼び出すということを繰り返していきます。エラーが起きたとき、これらの関数の中のどの部分がおかしな動作をしたのかははっきりわからない場合があります。例を使って考えてみましょう。次の関数は互いにほかの関数を呼び出し、最後の関数がエラーを起こしています（その理由はすぐにわかります）。

```
first <- function() second()
second <- function() third()
third <- function() fourth()
fourth <- function() fifth()
fifth <- function() bug()
```

firstを実行すると、firstはsecondを呼び出し、secondはthird、thirdはfourth、fourthはfifthを呼び出して、最後にfifthはbugという存在しない関数を呼び出します。firstを実行すると、コマンドラインは次のようになります。

```
first()
## 以下にエラー fifth() :  関数 "bug" を見つけることができませんでした
```

エラーメッセージは、Rがfifthを実行しようとしたときにエラーが起こったことを知らせています。また、エラーの性質がどのようなものかも説明しています（bugという関数は存在しない）。ここでは、Rがfifthを呼び出す理由は明らかですが、エラーが襲いかかろうとしているのにRが関数を呼び出す理由まではよくわかりません。

コマンドラインでtraceback()と入力すれば、エラーを起こすまでにRが呼び出した関数の道筋が表示されます。tracebackは、Rが問題の関数を呼び出すために呼び出した関数のリストを表示します。最後の関数はコマンドラインに入力したコマンド、最初の関数はエラーを起こした関数にです。

```
traceback()
## 5: fifth() at #1
## 4: fourth() at #1
## 3: third() at #1
## 2: second() at #1
## 1: first()
```

tracebackは、最後に発生したエラーを参照します。少し前に起こったエラーについて確認したい場合には、tracebackを実行する前にエラーを再現しなければなりません。

このリストがどのように役に立つのでしょうか。まず、tracebackは疑わしい関数のリストを返してくれます。リストに表示されている関数の中のどれかがエラーを起こしており、下の関数よりも上の関数の方が疑わしいと言うことができます。ここでのバグはfifthによるものである可能性が高いと言えます（実際にそうでした）が、それよりも前の関数が、たとえば呼び出すべきでないときにfifthを呼び出しているといったおかしなことをしている場合もあります。

第二にtracebackは、想定していた関数呼び出しの経路からRがはみ出してしまったかどうかを示すことができます。そうであれば、問題が起こる直前の最後の関数を見ればよいということです。

第三にtracebackは、非常に多くの無限再帰エラーを見つけることができます。たとえば、secondを呼び出すようにfifthを書き換えると、secondはthirdを呼び出し、thirdはfourthを呼び出し、fourthはfifthを呼び出し、fifthはsecondを呼び出して、関数が循環的に呼び出し合う関係が作られます。実際のプログラミングでは、予想以上にこのようなことはよく起こります。

```
fifth <- function() second()
```

first() を呼び出すと、R は関数の呼び出しを始めます。しばらくすると、R は自分が同じことを繰り返していることに気付いてエラーを返します。traceback は、R が何をしていたのかを示してくれます。

```
first()
## エラー： 評価があまりに深く入れ子になっています。無限の再帰か options(expressions=)？

traceback()
## 5000: fourth() at #1
## 4999: third() at #1
## 4998: second() at #1
## 4997: fifth() at #1
## 4996: fourth() at #1
## 4995: third() at #1
## 4994: second() at #1
## 4993: fifth() at #1
## ...
```

この traceback は 5000 行もの出力があることに注意してください。RStudio を使っていれば、無限再帰エラーのこのようなトレースバックを見ることはできないでしょう（私はこの出力を得るために Mac GUI を使いました）。RStudio は、大きなコールスタックが R のメモリバッファからコンソール履歴を押し出してしまうのを避けるために、無限再帰エラーのトレースバックを抑止します。しかし、Unix シェルや Windows、Mac の R GUI で実行すれば、依然として巨大なトレースバックが表示されます。

RStudio は、traceback を使いやすくしてくれます。関数名を入力する必要さえありません。エラーが起こるたびに、RStudio は**図 E-1** に示すような 2 つのオプションを持つグレイのボックスを表示します。第 1 のオプションは、「Show Traceback」です。

「Show Traceback」をクリックすると、RStudio はグレイのボックスを拡張して、**図 E-2** のようにコールスタックのトレースバックを表示します。「Show Traceback」オプションは、新しいコマンドを書いてもコンソールのエラーメッセージの横に残ります。そのため、もっとも新しいエラーだけでなく、後戻りしてすべてのエラーのコールスタックを見られるわけです。

さて、traceback を使ってバグの原因になっていると思う関数が絞り込めたとします。次にどうすればよいでしょうか。その関数が実行中にエラーの原因となるどのようなことをしたのかを解明すべきでしょう。browser を使えば、関数がどのように実行されたかを検証できます。

```
> first()
 以下にエラー fifth() :  関数 "bug" を見つけることができませんでし  Hide Traceback
た
                                                               Rerun with Debug
```

図E-1　RStudioのShow Tracedbackオプション

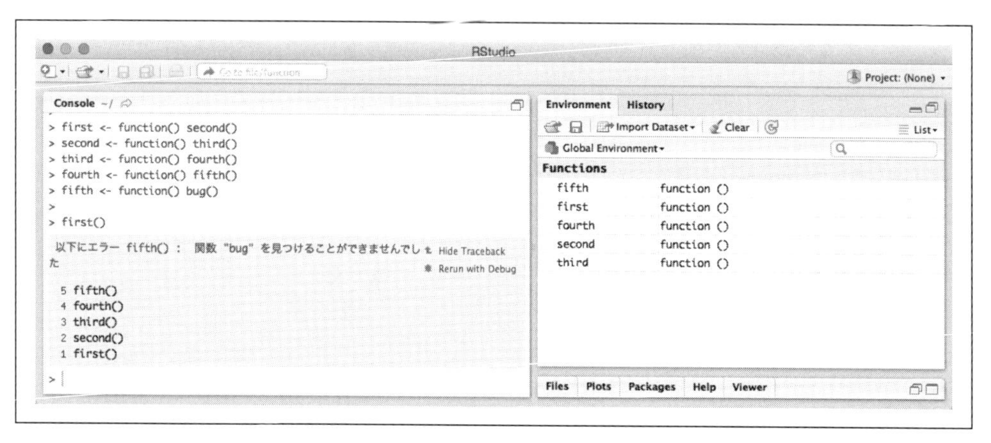

図E-2　RStudioのトレースバックの表示

E.2　browser

browserを使えば、関数実行中に一時停止して制御を自分に返すようにRに求めることができます。こうすれば、コマンドラインで新しいコマンドを入力できます。これらのコマンドのアクティブ環境は、いつものグローバル環境にはなりません。一時停止した関数の実行時環境になります。そのため、関数が使っているオブジェクトを見たり、関数が使うのと同じスコープルールで値を参照したり、関数が実行されるのと同じ条件でコードを実行したりすることができます。関数のバグの原因を究明するチャンスがもっとも高い状況になっているのです。

browserを使うには、関数本体にbrowser()呼び出しを追加して関数を保存し直します。たとえば、7章のscore関数の途中で一時停止したい場合には、scoreの本体にbrowser()呼び出しを追加し、scoreを定義する次のコードを再実行します。

```
score <- function (symbols) {
  # ケースの確定
  same <- symbols[1] == symbols[2] && symbols[2] == symbols[3]
  bars <- symbols %in% c("B", "BB", "BBB")

  # 賞金の計算
  if (same) {
    payouts <- c("DD" = 100, "7" = 80, "BBB" = 40, "BB" = 25,
    "B" = 10, "C" = 10, "0" = 0)
```

```
    prize <- unname(payouts[symbols[1]])
  } else if (all(bars)) {
    prize <- 5
  } else {
    cherries <- sum(symbols == "C")
    prize <- c(0, 2, 5)[cherries + 1]
  }

  browser()

  # ダイヤによる賞金の加算
  diamonds <- sum(symbols == "DD")
  prize * 2 ^ diamonds
}
```

これで、Rがscoreを呼び出すたびに、browser()呼び出しにぶつかることになりました。7章のplay関数でこれを確定できます。playがすぐ実行できる状態になっていない読者は、次のコードを実行しておいてください。

```
get_symbols <- function() {
  wheel <- c("DD", "7", "BBB", "BB", "B", "C", "0")
  sample(wheel, size = 3, replace = TRUE,
    prob = c(0.03, 0.03, 0.06, 0.1, 0.25, 0.01, 0.52))
}

play <- function() {
  symbols <- get_symbols()
  structure(score(symbols), symbols = symbols, class = "slots")
}
```

playを実行すると、playはまずget_symbolsを呼び出し、次にscoreを呼び出します。Rがscoreを実行すると、browser呼び出しにぶつかって、それを実行します。browser呼び出しが行われると、**図E-3**に示すように、複数のことが起こります。まず第1に、Rはscoreの実行を停止します。第2に、コマンドプロンプトがBrowser[1]>に変わり、Rはユーザーに制御を返してきます。ユーザーはこの新しいコマンドプロンプトに新しいコマンドを入力できます。第3に、「Console」ペインの上に「Next」、「Continue」、「Stop」の3つのボタンが表示されます。第4に、RStudioはスクリプトペインにscoreのソースコードを表示し、browser()呼び出しが含まれている行をハイライト表示します。第5に、「Environment」ペインが変わります。グローバル環境に保存されているオブジェクトではなく、scoreの実行時環境に保存されているオブジェクトの情報が表示されます（Rの環境システムについては、6章を参照してください）。第6に、RStudioは新しいTracebackページを開き、RStudioがbrowserに達するまでのコールスタックが表示されます。もっとも新しく呼び出された関数であるscoreがハイライト表示されます。

ユーザーは現在、**ブラウザモード**と呼ばれる新しいRモードにいます。ブラウザモードはバグを見つけやすいように設計されており、RStudioの新しい表示は、このモードを使いこなせるように設計されたものです。

ブラウザモードで実行したコマンドは、browserを呼び出した関数の実行時環境のコンテキストで評価されます。それは、新しい「Traceback」ペインでハイライト表示されている関数の実行時環境ということです。この場合は、scoreです。ブラウザモードにいる間は、アクティブ環境はscoreの実行時環境になります。そのため、2つのことができるようになります。

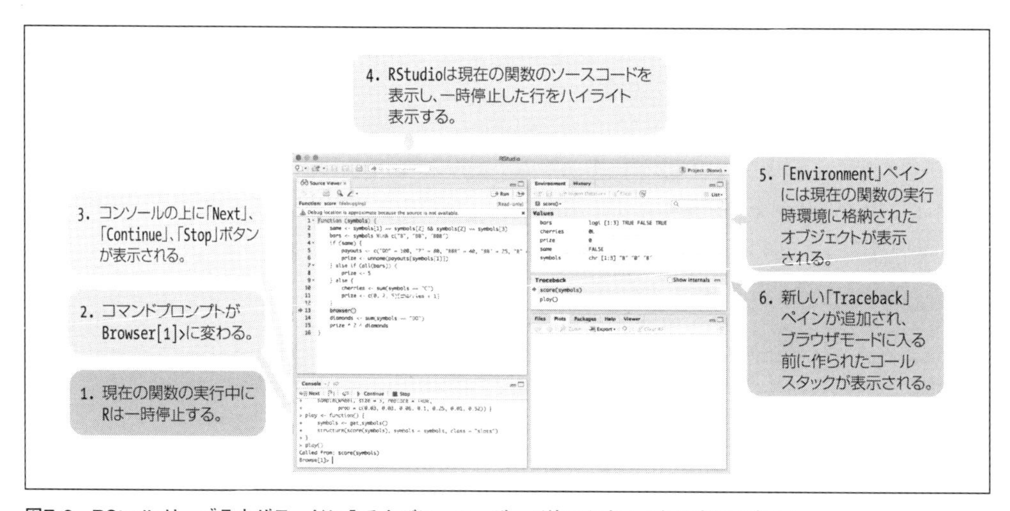

図E-3 RStudioは、ブラウザモードに入るたびに、ユーザーが使いやすいように表示を変える。

まず第一に、scoreが使っているオブジェクトを見ることができます。更新された「Environment」ペインは、scoreがローカル環境に保存したオブジェクトはどれかを表示します。ブラウザプロンプトにその名前を入力すれば、内容を見ることができます。通常ならアクセスできない実行時の変数の値もこの方法で見ることができます。値が明らかに間違っているように見えるなら、バグはあと少しでわかるはずです。

```
Browse[1]> symbols
## [1] "B" "B" "0"

Browse[1]> same
## [1] FALSE
```

第二に、コードを実行して、scoreが生み出すのと同じ結果を見ることができます。たとえば、コマンドラインに関数内の行を入力したり、プロンプトの上に新たに表示された3つのナビゲーションボタンを操作したりすれば、コードを実行できます。

第1のボタン、「Next」は、scoreの次のコード行を実行します。スクリプトペインのハイライト表示されている行は、1行ずつ前進して、score関数内の新しい位置を示します。次の行がforループやifツリーなどのコードチャンクの先頭なら、Rはチャンク全体を実行し、スクリプトウィンドウ内ではチャンク全体をハイライト表示します。

次のボタン、「Continue」は、scoreの残るすべての行を実行し、ブラウザモードを終了します。

第3のボタン、「Stop」は、scoreのコードを一切実行せずにブラウザモードを終了します。

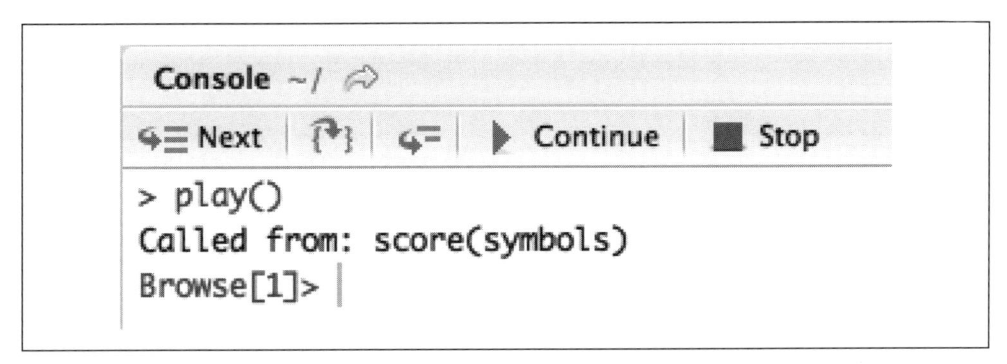

図E-4 「Console」ペイン上部の3つのボタンを使えば、ブラウザモードを操作できる。

ブラウザプロンプトにn、c、Qを入力しても、同じことができます。しかし、この動作には悩ましいことが1つあります。n、c、Qという名前のオブジェクトの内容を見てみたいときにはどうすればよいのでしょうか。オブジェクト名を入力しても、Rはブラウザモードを先に進めるか、一気に実行するか、終了してしまうだけです。こういったオブジェクトは、get("n")、get("c")、get("Q")コマンドを入力して見なければなりません。また、ブラウザモードではcontはcと同じ意味であり、whereはコールスタックを表示するので、こういった名前を持つオブジェクトを見るときにもgetコマンドを使わなければなりません。

ブラウザモードに入ると、関数の立場でものを見られるようになりますが、バグがどこにあるのかを示せるわけではありません。それでも、ブラウザモードを使えば仮説をテストし、関数のふるまいを調査することができます。通常、バグを見つけて修正するために必要な機能はこれだけです。ブラウザモードは、Rの基本デバッグツールです。これから説明する関数は、ブラウザモードに入るための別の方法を提供するだけです。

バグを修正したら、今度はbrowser()呼び出しを含まない形で関数を再度保存し直さなければなりません。browser呼び出しが残っている限り、ユーザーまたはほかの関数がscoreを呼び出すたびに、Rは実行を一時停止します。

E.3 ブレークポイント

RStudioのブレークポイントは、関数にグラフィカルにbrowser文を追加できる機能です。ブレークポイントを使うには、関数を定義したスクリプトを開きます。次に、関数内のbrowser文を追加したいコード行の行番号の左をクリックします。すると、ブレークポイントがどこに追加されるかを示すために、中空の赤いドットが表示されます。そして、スクリプトペイン上部の「Source」ボタンをクリックして、スクリプトを実行します。すると、中空の赤いドットは、関数がブレークポイントを持っていることを示す塗りつぶされた赤いドットになります（**図E-5**参照）。

Rは、ブレークポイントをbrowser文と同じように扱い、ブレークポイントのところに来るとブラウザモードに入ります。赤いドットをクリックすれば、ブレークポイントを削除できます。ドットが消えて、ブレークポイントはなくなります。

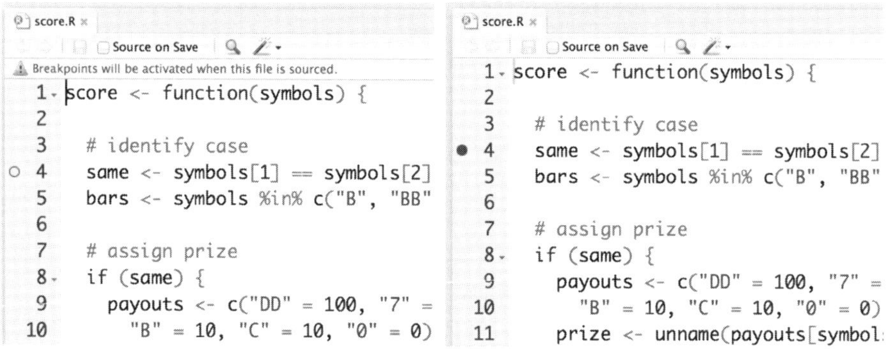

図E-5　ブレークポイントは、browser文のグラフィカル版として機能する。

ブレークポイントとbrowserは、自分が定義した関数のデバッグ方法として非常に優れていますが、すでにRに含まれている関数をデバッグしたいときにはどうすればよいでしょうか。その場合は、debug関数を使います。

E.4 debug

debugを使えば、既存関数の先頭にbrowser呼び出しを追加できます。関数を引数としてdebugを呼び出してください。たとえば、sample関数に対してdebugを実行するには、次のようにします。

```
debug(sample)
```

これ以降、Rは引数の関数の先頭行にbrowser()文があるかのように動作します。Rがこの関数を実行すると、すぐにブラウザモードに入るので、関数内のコードを一度に1行ずつ実行できるようになります。ユーザーが、undebugでbrowser文を「取り除く」まで、Rはこのように動作します。

```
undebug(sample)
```

関数が「デバッグ」モードに入っているかどうかは、isdebuggedでチェックできます。関数に対してdebugを呼び出したものの、undebugをまだ呼び出していなければ、TRUEが返されます。

```
isdebugged(sample)
## FALSE
```

いちいちこんなことをしているのは大変だと思うなら、debugの代わりにdebugonceを使うこともできます。この場合、Rは、次に関数を実行するときにブラウザモードに入りますが、それ以降は自動的にデバッグモードを終了します。同じ関数をまたブラウズしなければならないときには、もう一度debugonceを呼び出すことができます。

RStudioを使っている場合には、エラーが起きたときにいつでもdebugonceを実行できます。エラーが起きたときのグレイのエラーボックスは、「Show Traceback」の下に「Rerun with debug」オプションを表示します（**図E-1**参照）。このオプションをクリックすると、RStudioは、最初に関数に対してdebugonceを呼び出したのと同じようにして関数を再実行します。すると、Rはすぐにブラウザモードに入り、コードをステップ実行できます。ブラウザモードの動作になるのは、このときだけです。ブラウザモードを終了したあと、undebug呼び出しについて心配する必要はありません。

E.5 trace

traceを使えば、関数の冒頭ではなく、関数の少し先にbrowser文を追加することができます。traceは、引数として関数名（文字列）と関数に挿入するR式を受け付けます。関数のどの行にbrowser文を追加するかを指定するat引数を渡すこともできます。そこで、sampleの4行目にbrowser呼び出しを挿入するには、次のコードを実行します。

```
trace("sample", browser, at = 4)
```

traceを使えば、browserだけでなく、ほかのR関数を挿入することもできますが、よほどの理由がなければそのようなことはしないでしょう。新しいコードを挿入せずに、関数のためにtraceを実行することもできます。Rは、その関数を実行するたびに、コマンドラインにtrace:<the function>と表示します。8章で、Rはコマンドラインで何かを表示するたびにprintを呼び出すと言いましたが、traceを使えばそれを検証できます。

```
trace(print)

first
## trace: print(function () second())
## function() second()

head(deck)
## trace: print
```

```
## face suit value
## 1 king spades 13
## 2 queen spades 12
## 3 jack spades 11
## 4 ten spades 10
## 5 nine spades 9
## 6 eight spades 8
```

trace を呼び出した関数を通常の状態に戻すには、untrace を呼び出します。

```
untrace(sample)
untrace(print)
```

E.6 recover

recover 関数は、デバッグ用に別のオプションも提供します。recover は、traceback のコールスタックと browser のブラウザモードを組み合わせます。recover は、関数本体に直接挿入するという browser と同じ方法で使うことができます。fifth 関数を使って recover の動作を実際に見てみましょう。

```
fifth <- function() recover()
```

R は recover を実行すると、一時停止してコールスタックを表示しますが、話はそれだけでは終わりません。コールスタックに含まれている任意の関数をブラウザモードで開くことができます。残念ながら、コールスタックは、traceback とは逆の順序で表示されます。最後に呼び出された関数がもっとも下、最初の関数がもっとも上に表示されるのです。

```
first()
##
## Enter a frame number, or 0 to exit
##
## 1: first()
## 2: #1: second()
## 3: #1: third()
## 4: #1: fourth()
## 5: #1: fifth()
```

ブラウザモードに入るには、実行時環境をブラウズしたい関数の横の数字を入力します。ブラウズしたい関数がないときには、0 を入力します。

```
3
## Selection: 3
## Called from: fourth()
## Browse[1]>
```

あとはいつもと同じように実行を進めることができます。recoverは、コールスタックの上下の変数を覗けるようにしてくれるので、バグを解明する上で心強いツールです。しかし、R関数の本体にrecoverを追加するのは煩わしい感じがするかもしれません。ほとんどのRユーザーは、エラーを処理するためのグローバルオプションとしてrecoverを使っています。

次のコードを実行すると、Rはエラーが起きたときに自動的にrecover()を呼び出すようになります。

```
options(error = recover)
```

この動作は、Rセッションを閉じるか、次のコマンドを実行してrecover呼び出しを止めるまで続きます。

```
options(error = NULL)
```

索引

数字・記号

A

B

C

D

E

か行

さ行

た行

な行

は行

ま行

や行

ら行

わ行

● 著者紹介

Garrett Grolemund（ギャレット・グロールマンド）

統計学者であり、教師であり、R開発者。現在はRStudioに勤務。彼はデータ分析のことを、産業と科学両方にとって価値がある広く未開発の泉とみなしている。ライス大学のハドレー・ウィッカムの研究室で博士号を取得。ウィッカムのもとでは、認知過程としてのデータ分析の起源の追跡と、どのように注意的かつ認識論的懸念がすべてのデータ分析を導くかを研究していた。

データ分析を学ぶ際のフラストレーションを減らすことと、不必要に学習しなくても済むよう情熱を燃やす。学生の頃からRとデータ分析の企業向け教育に携わり、Revolution Analytics社を皮切りに、Google、eBay、Rocheといった名だたる企業のほか、多数の企業で教えた経験を持つ。RStudioでは、使いやすくて役立つ知識が得られるトレーニングカリキュラムの開発を行っている。教育以外の分野では、治験研究、法律研究、金融分析を行う。Rソフトウェアの開発も行っており、日付をパース、操作、演算できるlubridateパッケージの共同開発者である。また、ggplot2パッケージを拡張したggsubplotパッケージも開発した。

● 監訳者紹介

大橋 真也（おおはし しんや）

千葉大学理学部数学科卒業、同教育学部教育学研究科修了

千葉県公立高等学校教諭

Apple Distinguished Educator、Wolfram Education Group Instructor、日本数式処理学会、CIEC（コンピュータ利用教育学会）

現在、千葉県立船橋啓明高等学校 数学科・情報科 教諭

著書に『入門Mathematica決定版』（東京電機大学出版局）、『ひと目でわかる最新情報モラル』（日経BP）などが、訳書に『Rクイックリファレンス第2版』（オライリー・ジャパン）、監訳書に『Head Firstデータ解析』、『Rクックブック』、『アート・オブ・Rプログラミング』（オライリー・ジャパン）がある。

● 訳者紹介

長尾 高弘（ながお たかひろ）

1960年千葉県生まれ。東京大学教育学部卒。株式会社ロングテール（http://www.longtail.co.jp/）社長。翻訳者として訳書に『入門ソーシャルデータ第2版』、『インタラクティブ・データビジュアライゼーション』、『実践Android Developer Tools』（以上、オライリー・ジャパン）、『The DevOps逆転だ！』、『世界でもっとも強力な9のアルゴリズム』（日経BP社）、『Scalaスケーラブルプログラミング』（インプレス・ジャパン）、『Gitで困ったときに読む本』（翔泳社）、『Redis入門』（KADOKAWA/アスキー・メディアワークス）など。『縁起でもない』、『頭の名前』（以上、書肆山田）などの詩集もある。

● **カバーの説明**

表紙の動物はキソデボウシインコ（英語名 orange-winged Amazon parrot、学名 Amazona amazonica）です。現地では「Loros guaros」と呼ばれています。南米アンデスの東、北はコロンビアとベネズエラ、南は中央ブラジルにかけての湿潤熱帯で、季節を問わず見ることができます。

キソデボウシインコは鳴き声が大きくていつも騒がしく、静かなのは餌を食べているときだけです。1000組ほどのつがいで群れをなし、樹の上に巣を作って生活します。抱卵したり、孵化したヒナに吐き戻した餌を与えるのはメスの役目で、オスはメスのために餌を巣に運びます。オスは日中は巣の近くにいますが、夜には群れに戻ります。朝には巣から飛び立ち、夕方には巣に戻るオスたちの群れが観察できます。

キソデボウシインコの羽根の色は、ほかのアマゾン地域のオウムと同様に緑色で、オレンジ色の翼鏡（翼の後ろ側の光沢のある羽のこと）が特徴です。頭部はアオボウシインコと同じような色で、額が青く、頭頂部から頬にかけてが黄色です。くちばしは灰色で先端にいくほど濃くなります。オスとメスの個体差はほとんどありません。

RStudioではじめるRプログラミング入門

2015年 3月 23日 初版第1刷発行
2023年 1月 27日 初版第9刷発行

著　　者　Garrett Grolemund（ギャレット・グロールマンド）
監 訳 者　大橋 真也（おおはし しんや）
訳　　者　長尾 高弘（ながお たかひろ）
発 行 人　ティム・オライリー
印刷・製本　株式会社平河工業社
発 行 所　株式会社オライリー・ジャパン
〒160-0002　東京都新宿区四谷坂町12番22号
Tel（03）3356-5227
Fax（03）3356-5263
電子メール　japan@oreilly.co.jp
発 売 元　株式会社オーム社
〒101-8460　東京都千代田区神田錦町3-1
Tel（03）3233-0641（代表）
Fax（03）3233-3440

Printed in Japan（ISBN978-4-87311-715-7）
乱丁、落丁の際はお取り替えいたします。